JN027045

衣｜食｜住｜遊

楽しいひと手間が
愛犬との暮らしを快適にする

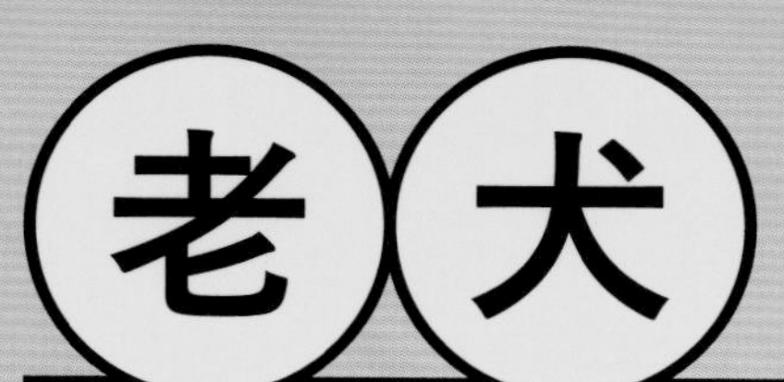

暮らしの便利帳

俵森朋子

誠文堂新光社

老犬は十犬十色。
日によっても違う。
だからこそハンドメイドの
ものやごはんでケアを!

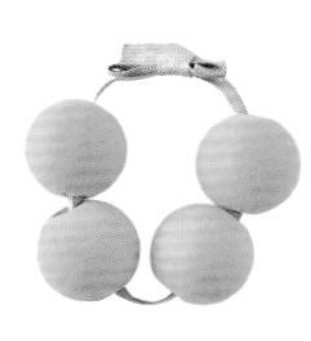

しかも、手軽にできる方法でね。

はじめに

老犬の愛しさは格別で、
子犬期とはひと味もふた味も違う愛情を感じます。
十数年間、ともに時間を共有し、
たくさんの癒やしや笑いを与えてくれた、かけがえのない家族。
そんな彼らの晩年を、できるだけ健やかに、
感謝を込めてケアしてあげたいと思う飼い主さんは多いでしょう。

目指すは最期まで、用を足したいときにトイレに行ける、
水を飲みたいときに飲みに行ける、
起きたい・動きたい・行きたい・見たいと思ったときに動けるなど、
自力でできることを減らさないようにしてあげたい。
そして、犬としてのプライドを失うことなく過ごさせてあげたいものです。

とはいえ、ハイシニア期に入ると、できることが少なくなってきます。
状態は刻々と変化し、必要なケアやグッズもその都度変わって、
飼い主さんにとってもストレスフルな場面が増えてきます。
それでも、犬たちはどんな状況であっても
ネガティブになることなく、
ただただ状況を受け入れて、今を100％として生き続けます。

そんな老犬たちとの暮らしを、少しでも楽に、
気持ちよく過ごすためのちょっとしたアイデアや工夫を
まとめてお届けします。

どんな状況でも、飼い主の幸せを一番に願っている犬たちへ。
そして、日々介護に尽力する飼い主さんへ。
尊敬と愛を込めて。

俵森朋子

Contents

本書の使い方

制作や作業にかかる時間の目安を示しています。
ただし、人や犬によってかかる時間は異なります。

このページで紹介しているものを作ったり、
工夫を実践したりするにあたって、
必要なものをまとめています。
量や長さ、個数は犬に寄るため、
あまり詳しく記載していません。
また、レンジやコンロなどの家電は記載していません。

○○○○○ for live

制作時間 5分

住 #2

寝る時間の長い子に用意したい

床ずれ防止クッション

床ずれの主な原因は血流不足と蒸れ

寝たきりになると、こまめに寝返りをさせていても、床ずれができることがあります。床ずれの原因の1つは、寝床と接する部分に体重がかかり、圧迫されることによる血流不足。そうなると、皮膚の表面に酸素がいき渡らず、皮膚組織がただれたり、傷ついたりしてしまいます。また、通気性の悪さや濡れからくる蒸れも原因の1つ。ここで紹介するクッションを使って体重がかからないようにするほか、通気性をよくしたり、血流が滞らないようマッサージしたりして予防しましょう。

064

用意するもの

・気泡緩衝材
・シルクの布
・セロハンテープ
・手縫い針と糸
・まち針

作り方

1 気泡緩衝材を適度な大きさに切って広げる。端からきつめに丸めていき、棒状にしてセロハンテープで留める

2 1を輪になるように丸めて、セロハンテープで留める

3 2にシルクの布を、全体を覆うように巻き付ける

4 巻き終わったら、まち針で留めておく

5 シルクの布の端をなみ縫いなどで縫い付ける

完成

one more idea

100円ショップで発見！
床ずれ予防アイテム

100円ショップで売っている排水口ゴミ取りスポンジが、床ずれ予防にぴったり。真ん中をはずしてドーナツ状にし、2～3枚重ねたものに脚を通して、寝床と接触する関節が浮くようにセットする。頬や腰の下に敷いても使える

住 2 床ずれ防止クッション

065

ここで紹介している方法以外に、
別のアイデアやおすすめ商品などを
コラムで紹介しています。

進め方の手順を写真と文章で紹介しています。
ここで紹介している方法にとらわれず、
愛犬と自分に合わせてどんどんアレンジしましょう！

※特に病気の診断を受けている場合は、獣医師の指示に従ってください。
※犬には個体差があり、その子に合うものと合わないものがあります。
本書に掲載のアイデアや工夫が愛犬の体に合わない場合は、無理に続けず、中止してください。
※手作りごはんに関して詳しく知りたい場合は、
『7歳からの老犬ごはんの教科書』（誠文堂新光社刊）などを参考にしてください。

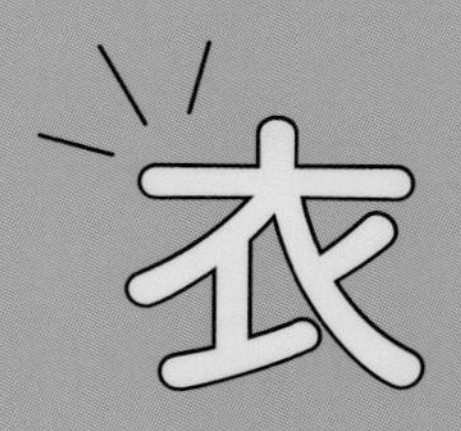

衣 for wear

あると毎日が快適で健康的になる 老犬の身につけるもののこと

愛犬の若いころは裸で十分だけれど、
老犬になると体が冷えたり、食べこぼしが増えたり、
床ずれができやすくなったり、おもらしをすることが増えたりと
身につけるものが増えてきます。
スリングから保温着、おむつ、エリザベスカラーまで
老犬が身につけるものにまつわる多様なアイデアを紹介します。

お気に入りの布1枚でできる

風呂敷スリング

針も糸も不要！ 結ぶだけの簡易スリング

老犬になると、それまでは抱っこの必要がなかった子も、抱きかかえて移動する機会が増えます。そのときに、スリングなどで少し補助するだけで、抱っこがだいぶ楽になります。この風呂敷スリングの方法は、赤ちゃんの抱っこ用として一般的に使われているもの。風呂敷か大きめの布1枚だけで、針も糸もミシンも使わずスリングを作れて、体重13kgぐらいまでの犬なら何とか抱っこできます。お出かけ先で歩けなくなったときのために、バッグに風呂敷を忍ばせておくのも便利です。

用意するもの

・風呂敷、
または正方形の布
（体重5kgで約90cm四方、
10kgで約120cm四方）

作り方

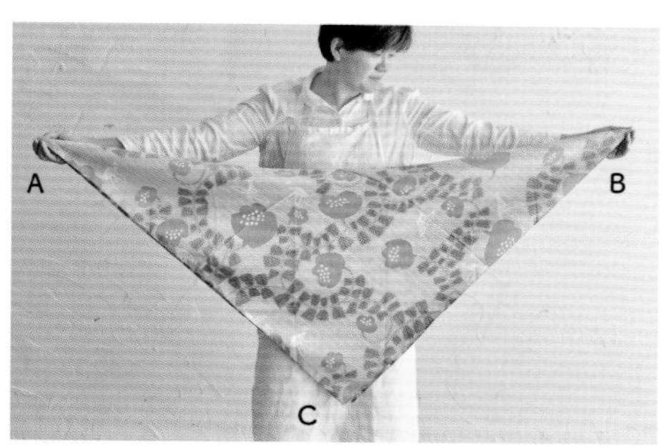

1 四つ角のうち対向する2つの角を持って、中表にして半分に折り、逆三角形を作る

2 手に持ったAの角をしっかりと玉結びにする

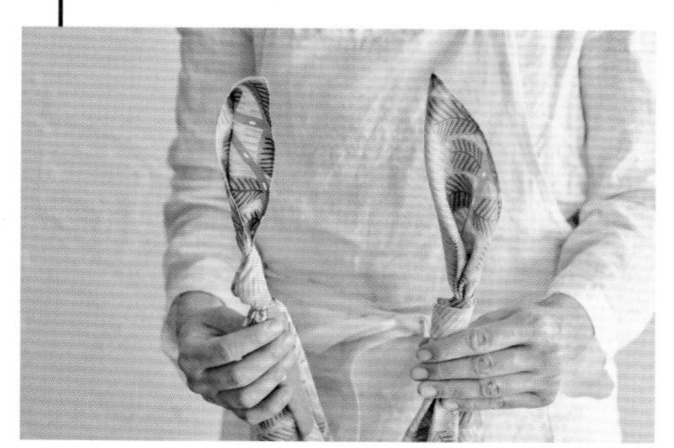

3 手に持っていたBの角も結んで、玉結びを2カ所に作る

4 結んでいないCの角を広げ、外表にしてA・Bの結び目を内側に入れる

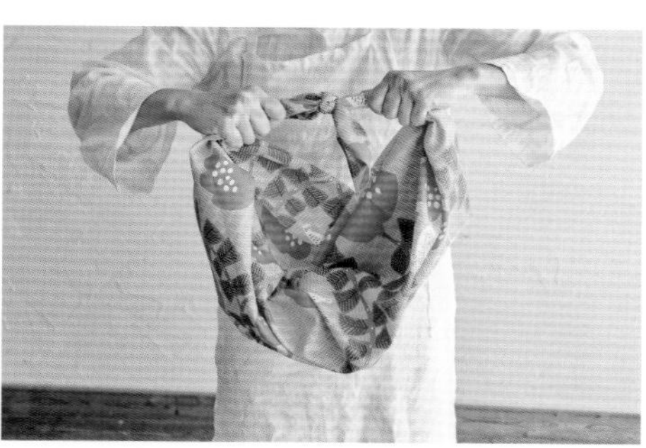

5 Cの2つの角を使って真結び（固結び）にする。解けないか確認し、斜めがけにして犬を入れる

完成

制作時間
10分

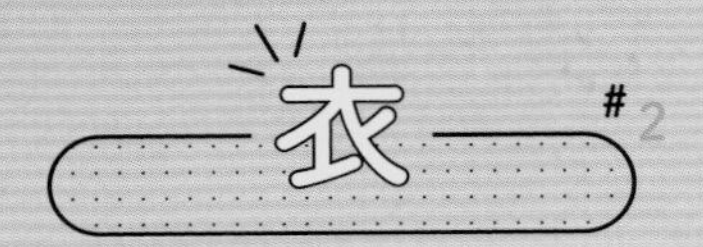

食べこぼしの汚れ防止に

ふきんのスタイ

ふきんにひと工夫でずれるのを防ぐ

立って食べることが難しくなったり、柔らかいごはんを与えるようになってきたりすると、食事のたびに胸や前脚が汚れてしまうことがあります。タオルをかけて食べさせる人も多いですが、ふきんやタオルにスナップボタンを付けてよだれかけ状にするだけで、ずれにくく、犬に着けっぱなしにできて便利です。食事時のほか、よだれが多い、鼻水が止まらないなど、顔を拭く必要があるときに活用できます。毎日数枚使うものなので、何枚か作り、洗濯してローテーションさせましょう。

用意するもの

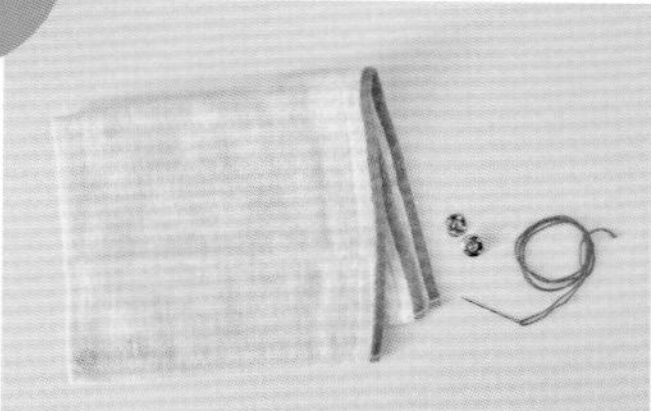

- ふきん、タオルなど
- 手縫い針と糸
- スナップボタン

作り方

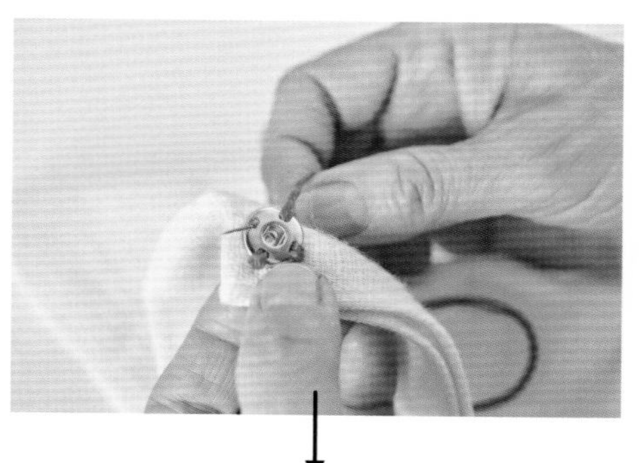

1

ふきんを二つ折りにし、犬の首に巻き付けて首まわりのサイズを確認する。折った山側の端にスナップボタンを縫い付ける

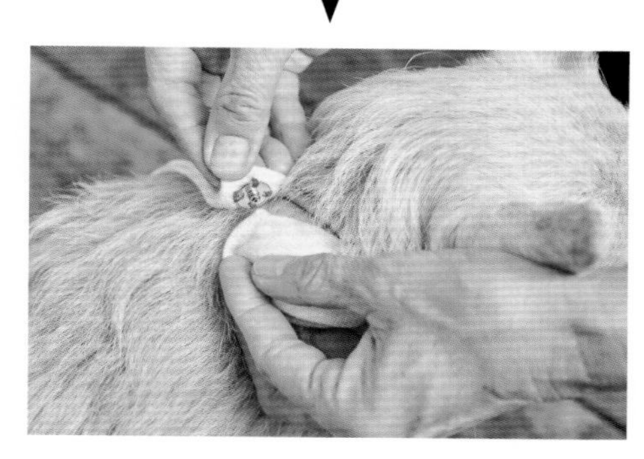

2

犬の首に装着してスナップボタンを留め、サイズ感を確認する

完成

使い方は2通り！

よだれかけとして

特に食べこぼしがひどくなってきたら、ごはんを食べるときに着けておくと、胸や前脚の汚れ防止になる

口拭きタオルとして

ごはんを食べた後、口のまわりがベタベタに汚れてしまっても、このスタイを使ってさっと拭ける

one more idea

手入れしやすいシリコン製も便利

シリコン製で下が受け皿状になっている、人間の赤ちゃん用のスタイもおすすめ。汚れてもさっと水洗いでき、くり返し使える。100円ショップでも見つかるので探してみて

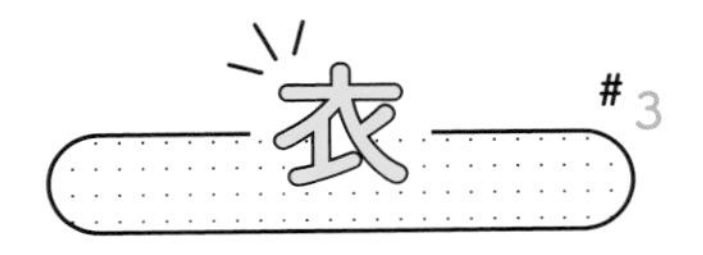

体を温めて免疫力アップ

タオルの保温着

縫わずにできる簡単保温着

免疫システムを担う血液中の白血球は、平常体温時（犬の場合は38.5～39.2℃）にもっとも活発に働きます。免疫力は体温が1℃下がると30%低下し、1℃上がると5～6倍上がると言われます。免疫力が低下すると、持病が悪化するなど体調を崩しやすくなってしまいます。体を温めることは、健康の基本なのです。そこで、着脱や取り替え、洗濯が楽で、締めつけないタオルの保温着で、老犬の体を温めましょう。ただし、脱げやすいので激しく動ける子には不向きです。

用意するもの

・フェイスタオル
・柔らかめのリボンテープ（幅約1.5～2.5cm）
・貼るカイロ、または貼るお灸

作り方

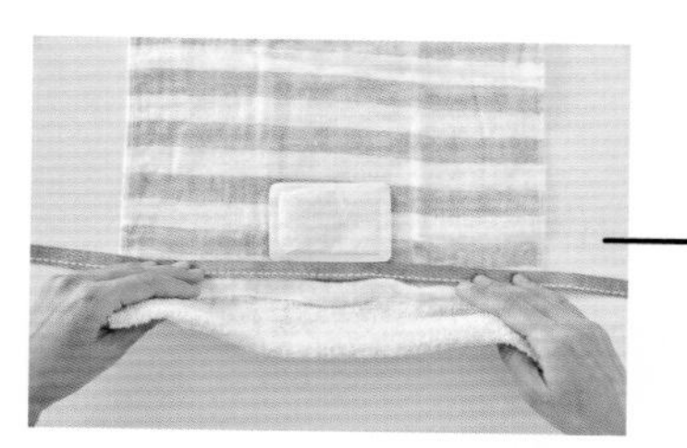

1 表を上にしてタオルを縦長に置き、端から約12cmの位置に首用のリボンテープをのせる。端から約6cm幅で折り、リボンテープを挟んでもう1度折る。先にカイロを貼ってもOK

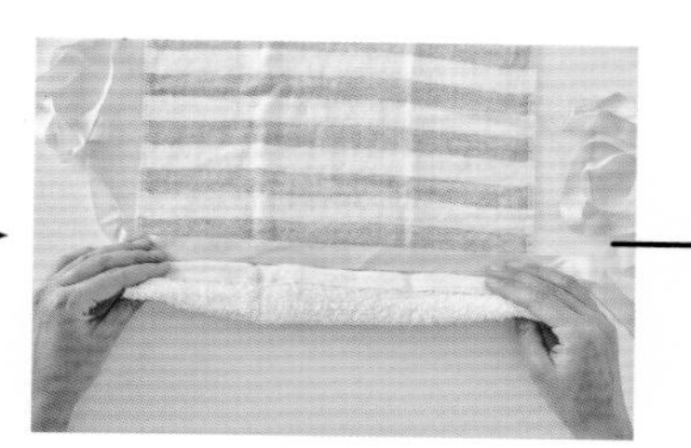

2 タオルの反対端も、端から約12cmの位置に腰用のリボンテープをのせて、1と同様に2回折り曲げる

3 2を犬の体に合わせ、首用のリボンテープを首に回して、蝶結びする。喉の位置で結ぶと邪魔になるので、横にずらすとよい

4 3の腰用のリボンテープをお腹にぐるりと一周回し、背中で蝶結びする。犬の体に合わせて首用のテープを結んでから、2、4を行ってもOK

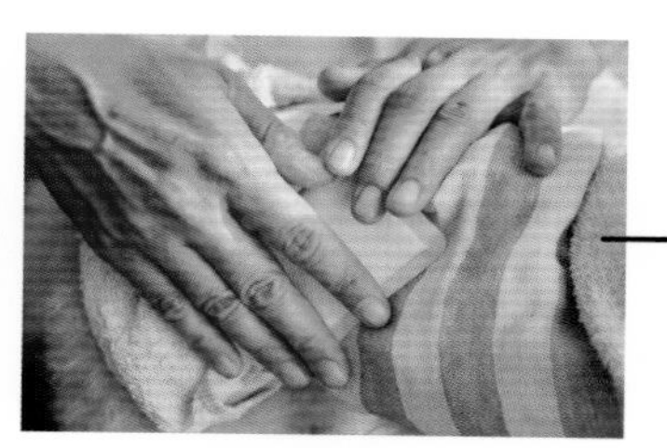

5 肩甲骨や腰部に、カイロや火を使わない貼るお灸（P019参照）を貼る

完成

one more idea

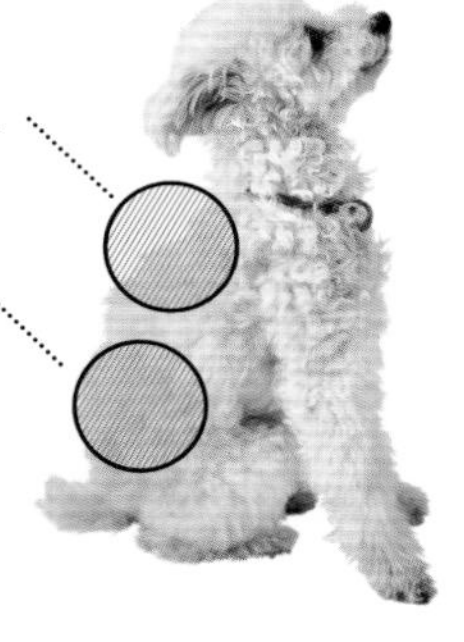

温めるといい場所は？

「大椎」は首の後ろにあるくびれで、7本の経絡が交わっており、あらゆる病気に有効とされている。「腎兪」は腎臓の位置で、腎が冷えると腎機能の働きが悪くなり、老廃物がうまく排出できなくなってしまう

体を包み込む保温着

タオルの保温着

ハイシニア用

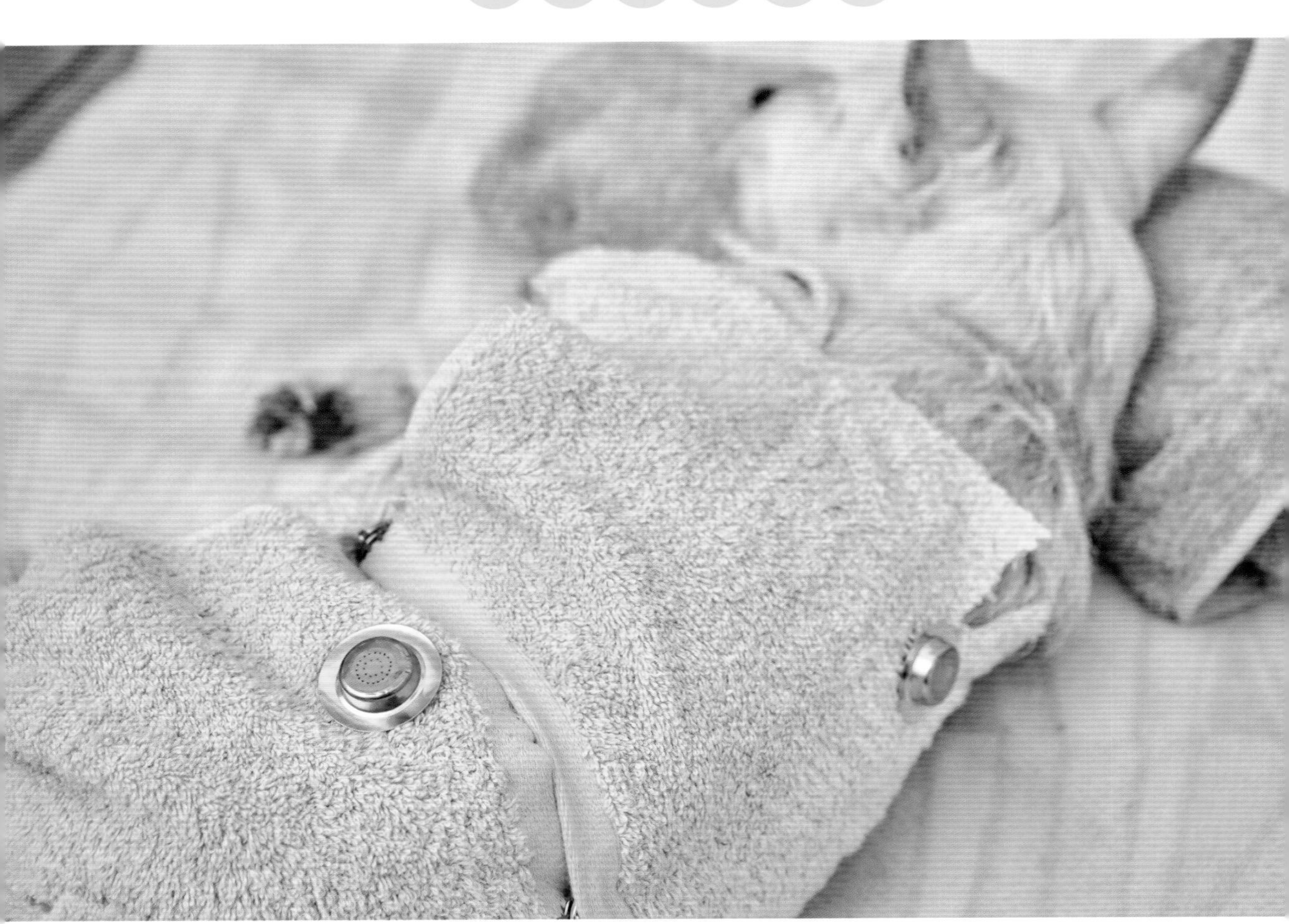

ハサミとスナップボタンで作る

老犬になると、若いころに比べて体が冷えやすくなります。その原因はいろいろあり、筋肉量の低下や、自律神経のバランスの乱れ、不要な水分が十分に排出されないことよるむくみ、断熱効果のある脂肪が増えること、特に解熱鎮痛剤系など体を冷やす薬を常用していることなど。ここでは、P016よりも体全体を包む保温着の作り方を紹介しています。汚れても拭き取りながら取り替えられ、吸収性もよく、比較的寝ている時間が長い、もしくは寝たきりのハイシニア向きです。

用意するもの

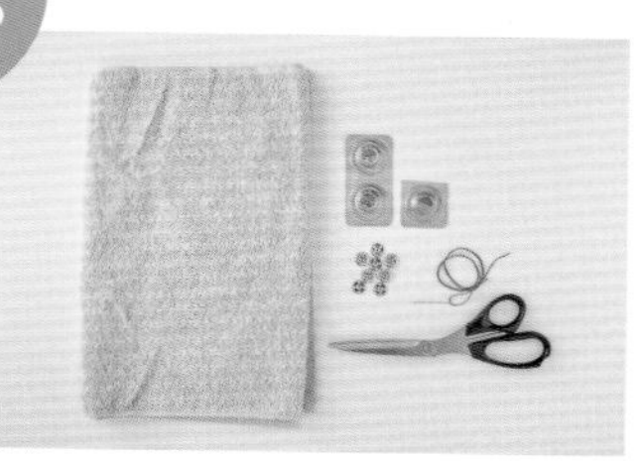

・タオル（超小型犬はフェイスタオル、小・中型犬は長タオル、大型犬はバスタオル）
・スナップボタン　3〜4個
・手縫い針と糸
・貼るカイロ、または貼るお灸

お灸とは？

お灸とは一般的に、モグサに火をつけて体を温め、ツボを刺激する治療技術のこと。保温着では火を使うと危険なので、火を使わない貼るタイプのお灸を使って

作り方

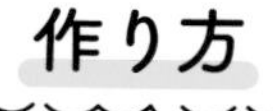

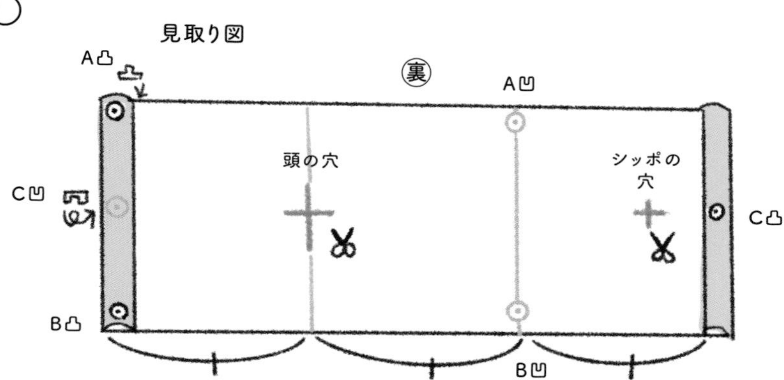

1 タオルの長辺の3分の1、短辺の中央あたりに、ハサミで十字に切り込みを入れ、頭が入る大きさにする

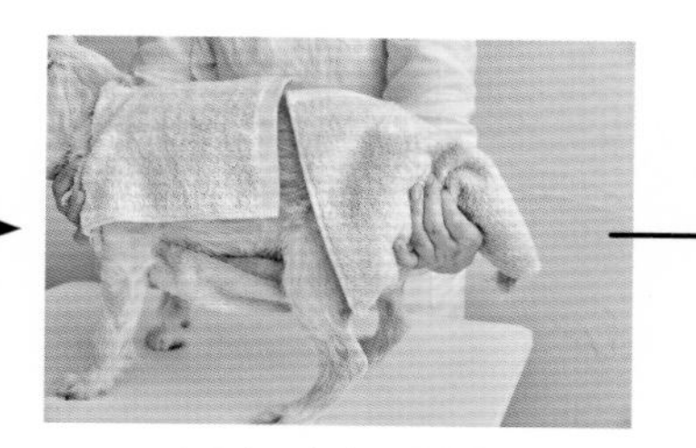

2 1の穴から犬の頭を入れ、長いほうをお腹側に回して、シッポの位置を確認。シッポの位置にも十字に切り込みを入れる

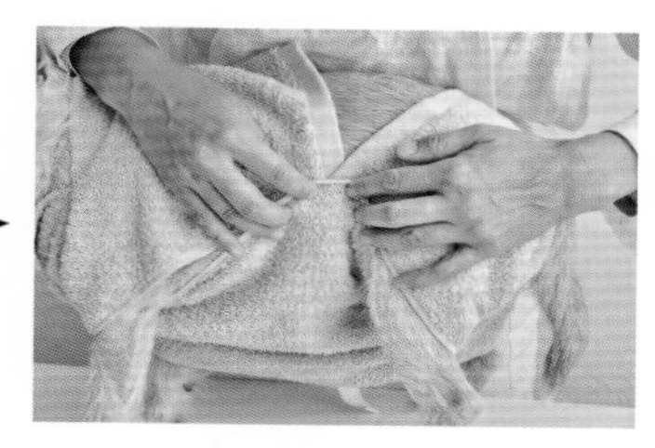

3 もう一度着せて頭とシッポを穴に通した後、スナップボタンを付ける位置を確認して印を付けておく

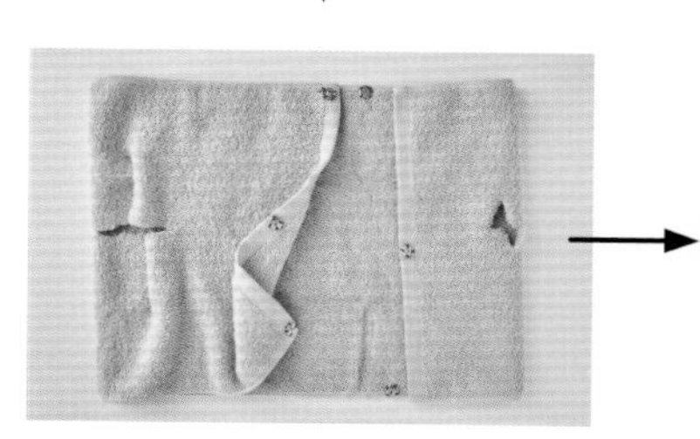

4 背中1カ所（C。大型犬は左右2カ所）と両脇2カ所（A、B）で留められるように、スナップボタンを縫い付ける

5 もう一度着せて、スナップボタンが留まるかどうか、ずれないかを確認する

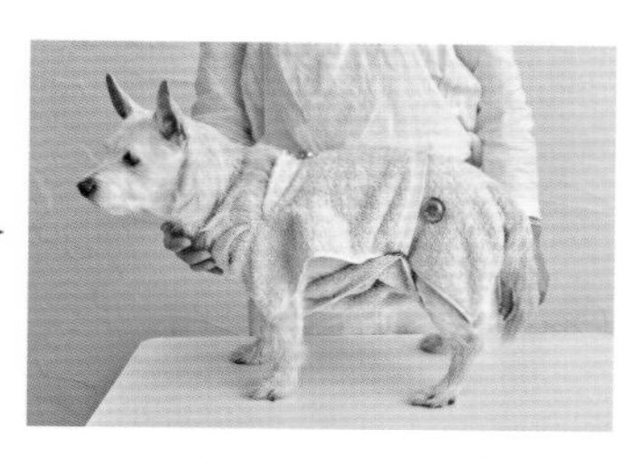

完成

日々お腹を温めて健康維持

シルク付き腹巻き

消化能力や免疫力をキープ

お腹が冷えると消化能力が低下したり、体全体が冷えて低体温になることで免疫力が落ちたりして、特に老犬にとっては、体調の崩れを招いてしまうこともあります。保温着を着せるほどではない元気な老犬でも、日々お腹だけはじんわりと温めるようにしましょう。今回使用したコットンテープの代わりに、面ファスナーで留める形にするとさらにずれにくくなります。また、内側に調温調湿に優れ、肌触りのよいシルクの布を合わせるのもポイントです。

用意するもの

- ふきん、または薄手のタオル（犬の胴に巻けるサイズのもの）
- シルク生地
- 柔らかめのコットンテープ
- 手縫い針と糸、まち針

老犬に優しいシルクを活用

第二の肌とも言われるシルク。吸湿性・放湿性が高いため、蒸れやすい犬には優しい素材と言える。また、繊維が細く、肌触りが優しいのも嬉しい

作り方

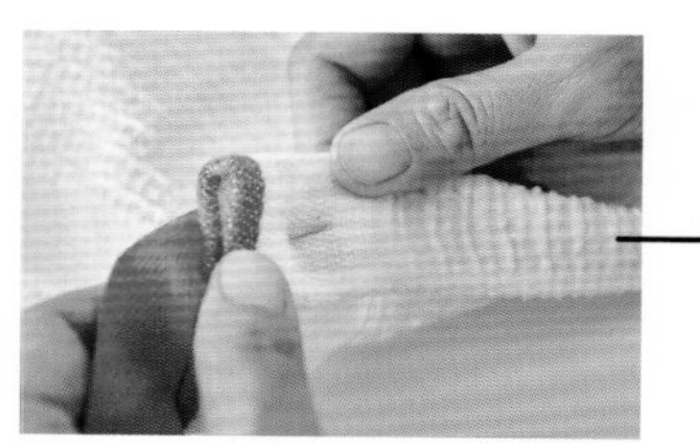

1 ふきんの裏側にシルクを合わせ、ふきんの長辺の両端を4cm折って、シルクと一緒にまち針で留める

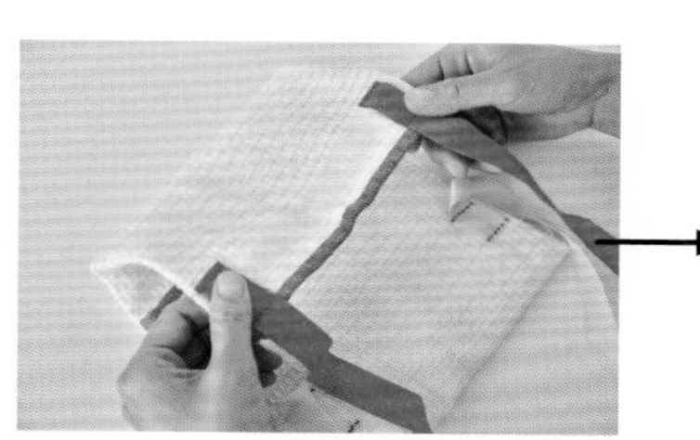

2 コットンテープの端を約5cm折り、ふきんの表側4カ所にまち針で留めて、犬の体に合わせて位置を調整する（下の見取り図参照）

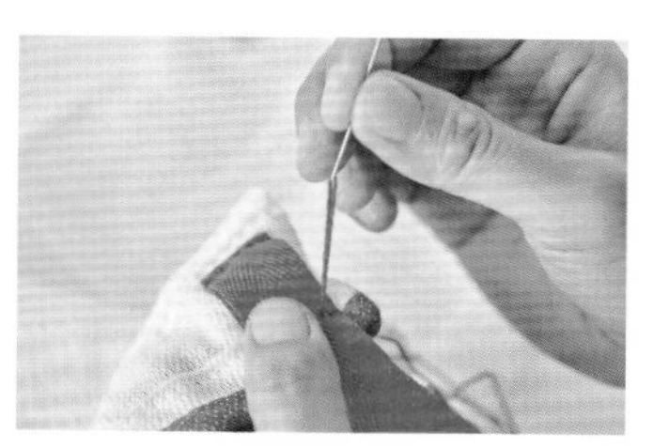

3 コットンテープ1本につき2カ所を、なみ縫いでシルクごと縫い付ける。多少きつめの位置に付けるとよい

見取り図

one more idea

乳児用の腹巻きを活用するのも◎

市販の腹巻き、特に小型犬には乳児用のものが便利。柔らかく伸縮性のあるオーガニックコットンや無燃糸など、天然素材のものが豊富に展開されている。中型犬には小児用、大型犬には老人用の腹巻きがちょうどよいサイズだ

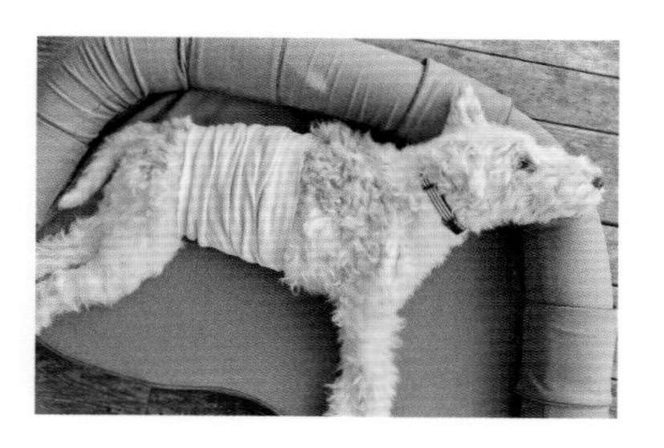

制作時間
5分

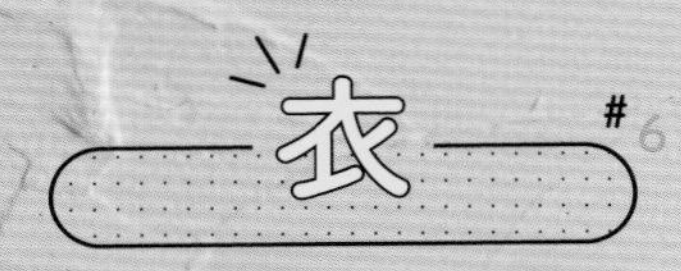

人間用のゴムパンツ型を利用

おむつアレンジ

犬用よりも安価で高機能

おもらしがひどいときや留守番が長いときに活用したい、おむつ。最近では、犬の介護用やマナー用のおむつも購入しやすくなりましたが、人間用に比べて高価なものが多く、機能面でも人間用のほうが優れている場合が多いです。また、犬用は面ファスナー型が多く、サイズ調整には便利ですが、ずれやすいというデメリットがあります。人間用のゴムパンツ型は、シッポ穴を空ける手間はかかるものの、全面が吸収帯で、履かせやすく締め付けないのでおすすめです。

用意するもの

- 人間用のおむつ
- ハサミ
- ガムテープ

作り方

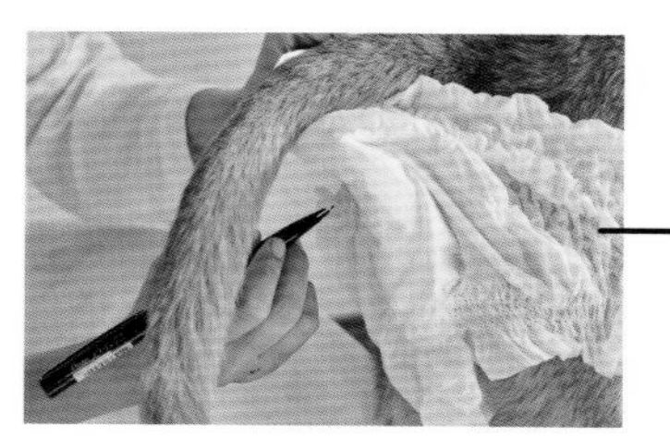

1 おむつにシッポの穴を空けるために、犬におむつを履かせて、シッポの位置に印を付ける

2 吸水ポリマーがこぼれるため、新聞紙を敷く。1の印を中心に、ハサミで三角形の穴を空ける。中心で半分に折ると切りやすい

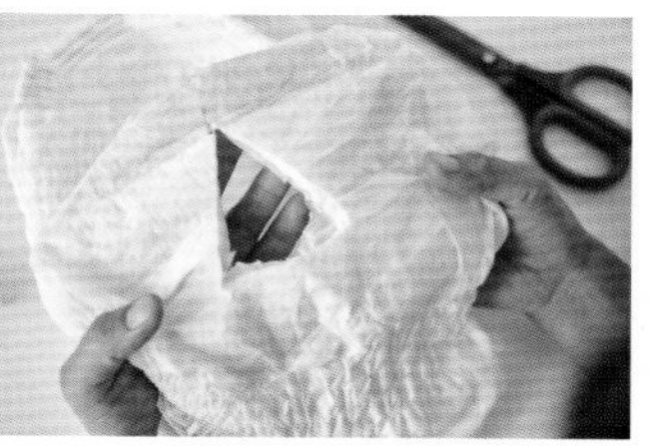

3 小型犬で1辺約3cm、中型犬で約4.5cm、大型犬で約6cmの正三角形が目安。愛犬のシッポのサイズに合わせて調整しよう

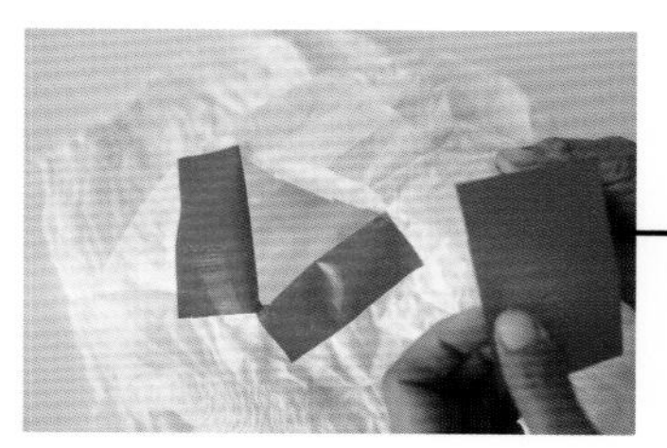

4 切り口から吸水ポリマーが出てこないように、ガムテープで留める。まずは三角形の3辺を挟むように留める

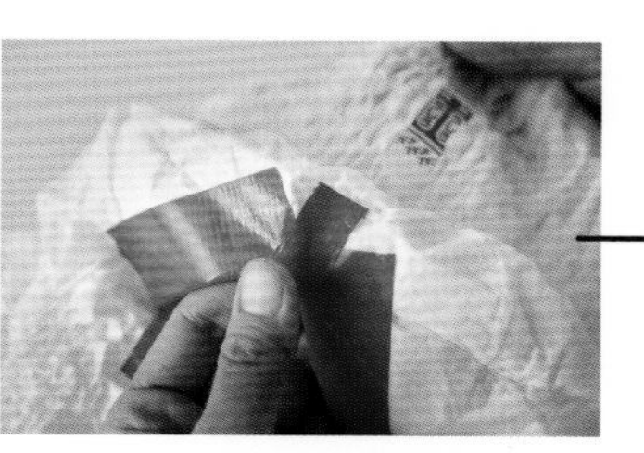

5 最後に、三角形の頂点を細めのガムテープで留める

完成

one more idea

おむつサイズの選び方

パンツ型のおむつはウエストがゴムなので融通が効きやすいが、ウエストサイズで選ぶのが基本。サイズの目安は体重3～6kgで幼児用Sサイズ、7～10kgでMサイズ、11～16kgでLサイズ、17kg～25kgで老人用ぐらいだ

制作時間
8分

ウンチだけ外の袋に収める

おむつアレンジ ウンチキャッチャー付き

犬がおむつを履いたままウンチをすると、中に溜まって不快だったり、おしりが汚れてしまったりします。硬めのウンチの場合は、肛門の位置にも穴を空けてビニール袋を付けておくと、そこにコロンコロンと収まります。ただし、きつめに留めたおむつを履かせっぱなしにすると、腰まわりの血流が停滞し、下半身の冷えにもつながります。また、犬にとってもおむつに排泄するのは気持ちいいことではないでしょう。おむつは必要最低限にし、頼りすぎないようにしたいですね。

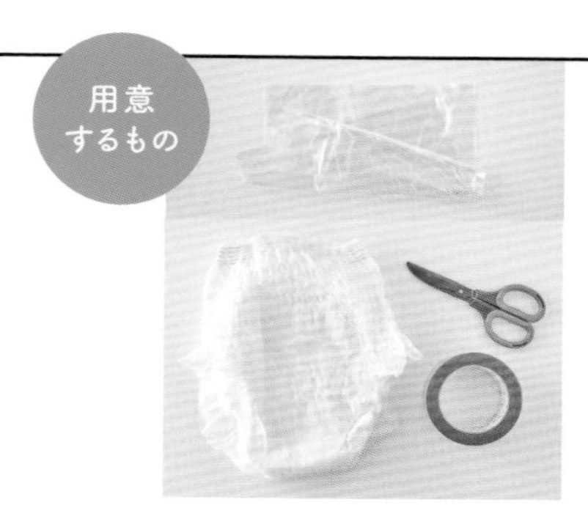

用意するもの

- 人間用のおむつ
- ハサミ
- ガムテープ
- ビニール袋

作り方

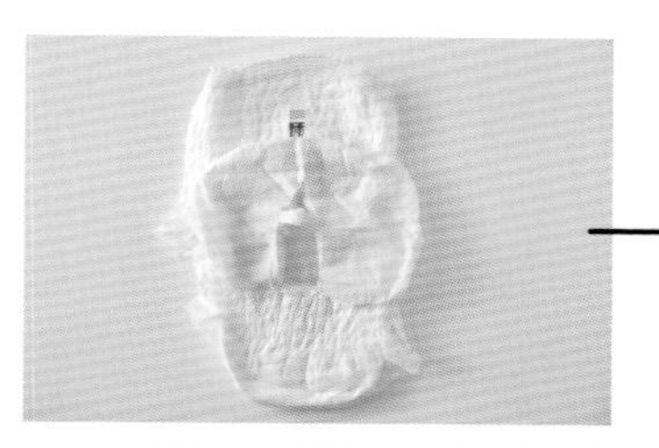

1 P023と同様にシッポの穴を空ける。その三角形の底辺の1cmほど下を、縦長の長方形に切る。小型犬3×4cm、中型犬4×5cm、大型犬5×6cmが目安

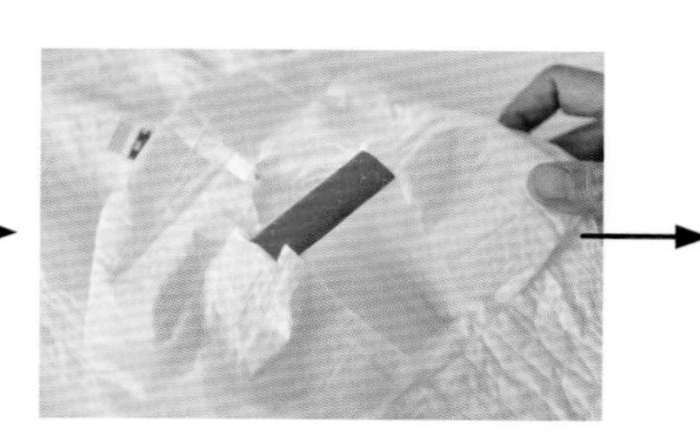

2 シッポ穴と、長方形のウンチ穴の間を、ガムテープで内側までぐるっと1周巻く

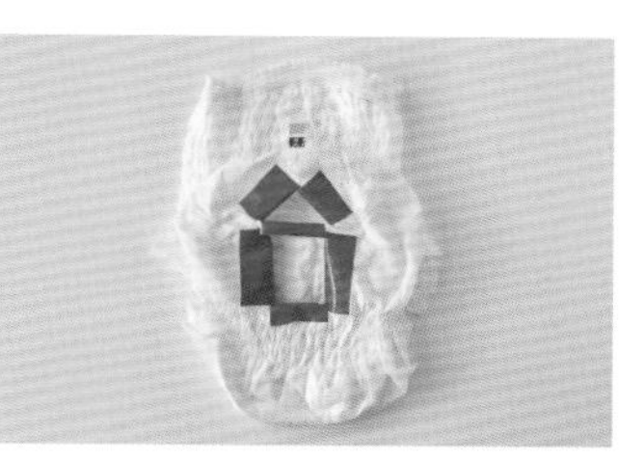

3 中から吸水ポリマーが出てこないように、シッポ穴とウンチ穴のそれぞれの辺を、ガムテープで挟むようにして留める

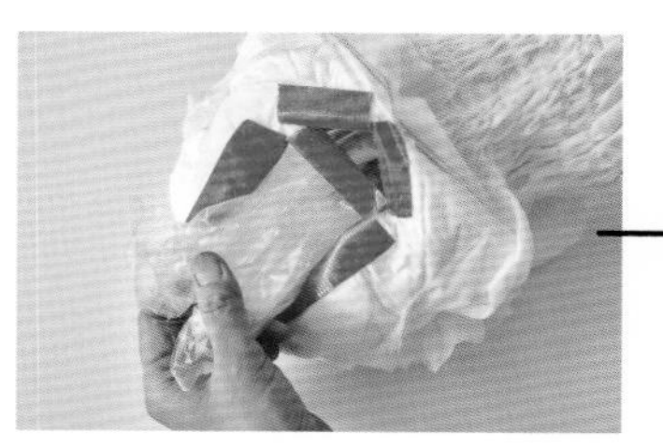

4 おむつの内側からビニール袋を入れて、袋になっているほうをウンチ穴から出す

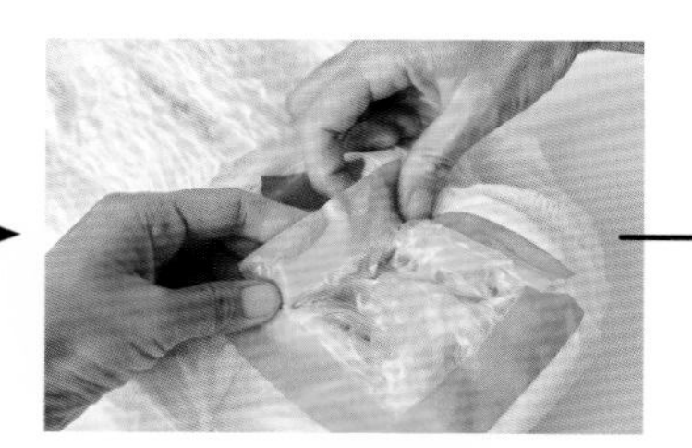

5 おむつを裏返し、ガムテープでビニール袋の口をウンチ穴に四角く留める

one more idea

おしゃぶりホルダーでずれ防止

動くとずれやすいおむつを留めるのに、両側がクリップになっている赤ちゃん用のおしゃぶりホルダーが便利。おむつと首輪をつないで留めると、ずれにくくなる。動きが激しい子の場合は、2本をクロスして留めるとさらに有効

制作時間
8分

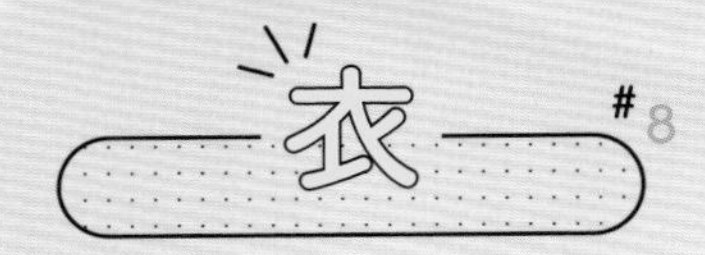

傷を舐めてほしくないときに

エリザベスカラー

小・中型犬用

軽くて邪魔になりにくい代用品

老犬になると、手術をしたり薬を塗ったり包帯を巻いたりすることが増えます。また、肉球や関節、床ずれの部分などを舐め壊してしまうこともあります。そんな体を舐めてほしくないときに活躍するのがエリザベスカラー。ただ、一般的なエリザベスカラーは、着けると視界が狭くなったり、あちこちにぶつかったりと、苦手な犬も多いもの。しかも、購入しても何回使うかわかりませんよね。そこで、100円ショップにあるものでできる、軽くて安全な代用品の作り方を紹介します。

用意するもの

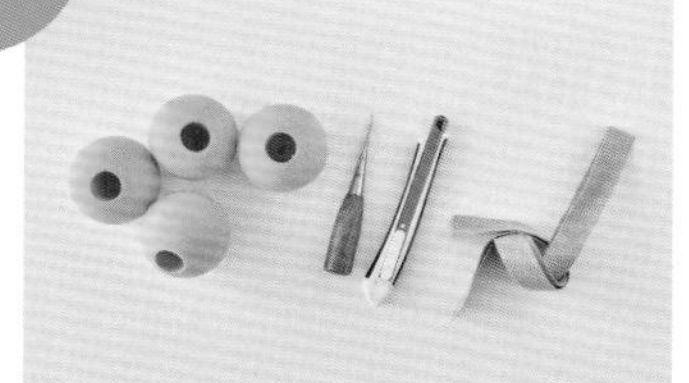

- 防音椅子脚カバー（発泡タイプ）4〜8個
- キリ（なくてもOK）
- カッターナイフ
- 首輪、または リボンテープ

作り方

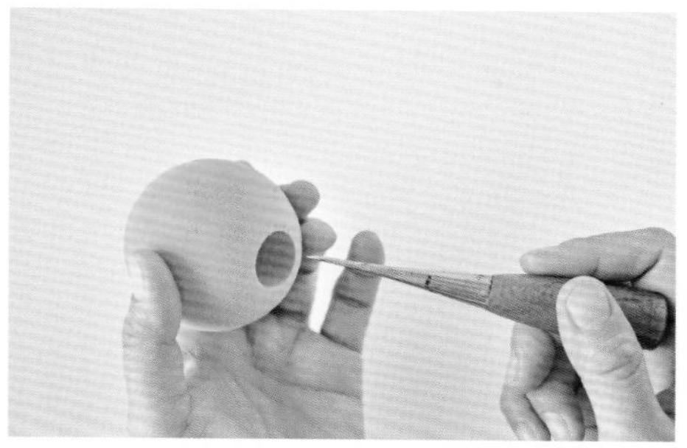

1 椅子脚カバーの、脚を入れる穴にキリを刺し、穴を反対側まで貫通させる

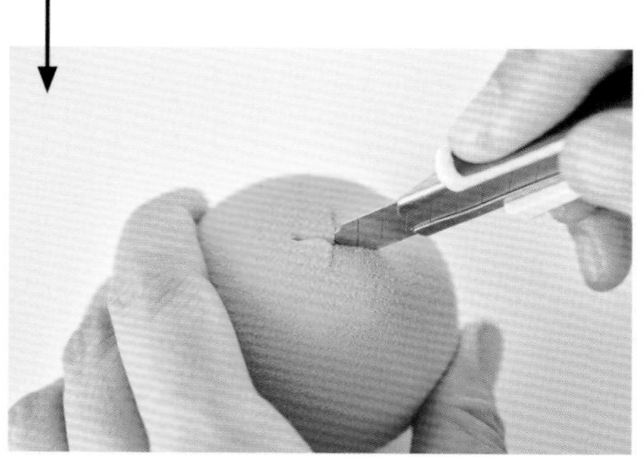

2 穴が開いていない側から、1で開けた穴を中心に、カッターナイフで十字に切れ目を入れる

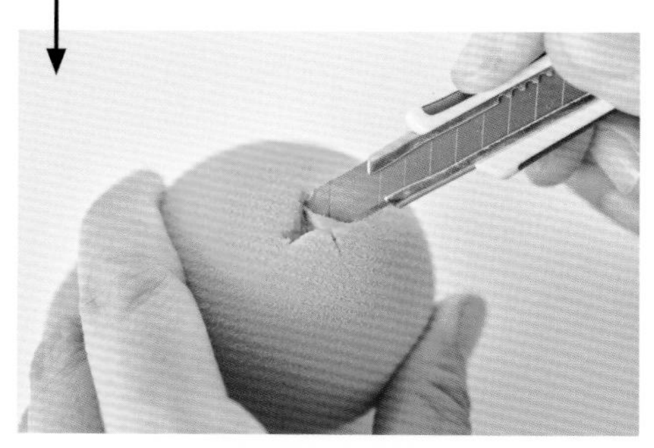

3 十字の端と端をつなぐようにカッターナイフで切れ目を入れる

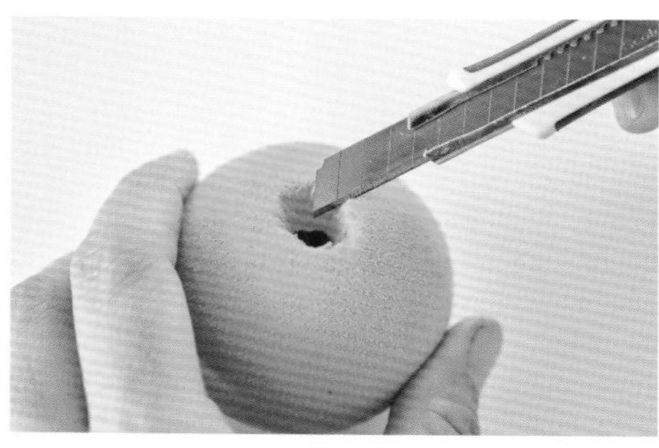

4 3で切れ目を入れた部分で切り落とし、リボンテープか首輪が通るサイズの穴を開ける。残りの椅子脚カバーにも同様に穴を開ける

5 穴にリボンテープか首輪を通す。犬の首にかけ、端を蝶結びするか留めて輪にする

完成

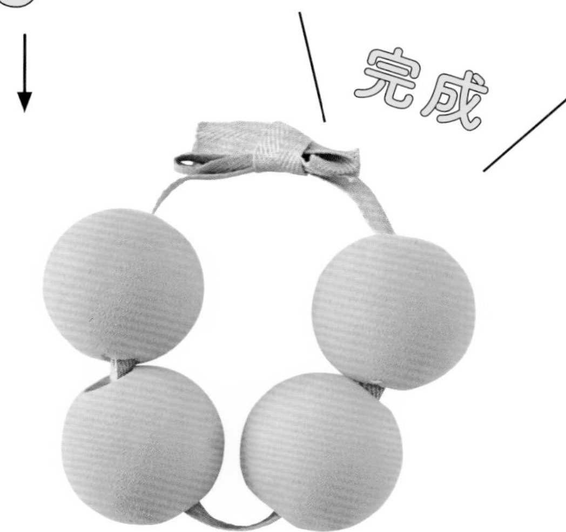

軽くて邪魔になりにくい

エリザベスカラー

中・大型犬用

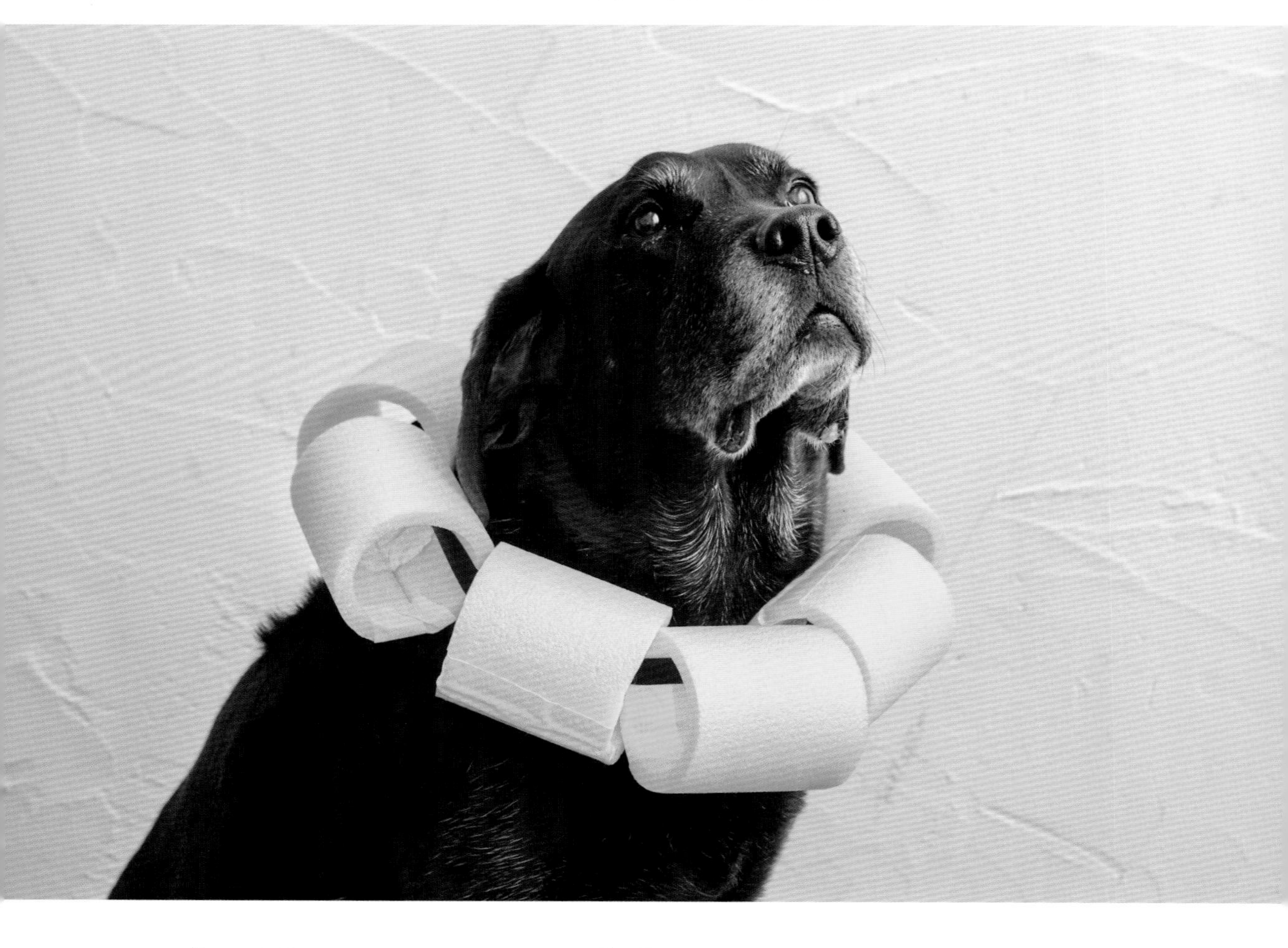

花のようにかわいいエリカラ代用品

体の大きい大型犬用のエリザベスカラーは、特に大きくて邪魔になりがち。家の中のあちこちにぶつかりながら歩く、ということになりやすいです。かといって、小型犬用として紹介した椅子脚カバーを使った代用品では、大型犬の口は簡単に体に届いてしまいます。そこで、ホームセンターにいろいろなサイズが安価で売っている、パイプ養生カバーを活用。小型犬用と同様、輪の状態にしたものを、首輪かリボンテープに通すだけ。ぜひ作ってみてくださいね。

用意するもの

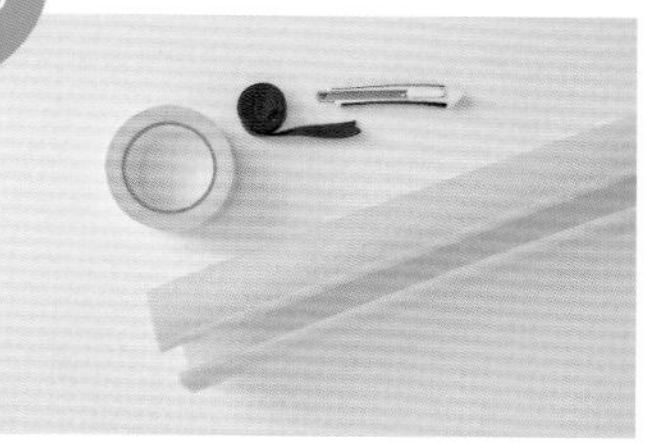

- 発泡ポリエチレン製パイプ養生カバー
- カッターナイフ
- ガムテープ
- 首輪、またはリボンテープ

作り方

1 カッターナイフでパイプ養生カバーを約12cmの長さに切る。首まわりの長さに合わせて、7個ほど切り出す

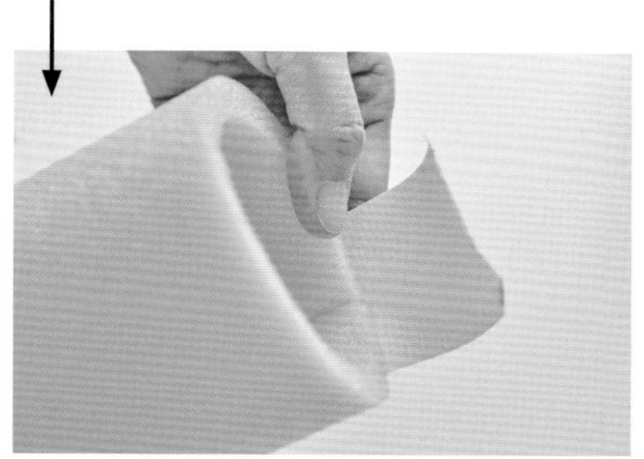

2 1の輪が開いている部分をガムテープで留める。パイプ養生カバーと同色のテープだと目立ちにくい

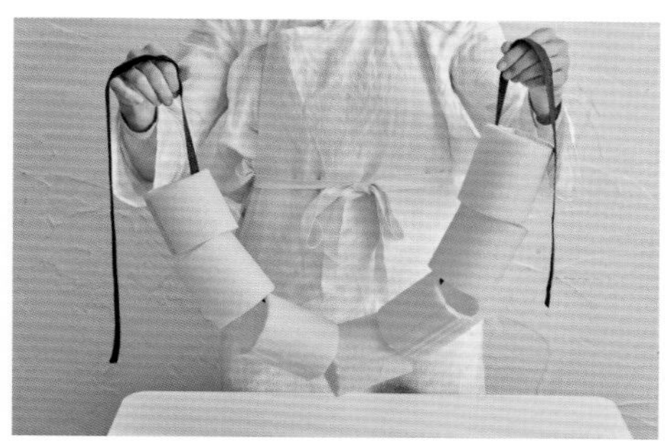

3 パイプ養生カバーの輪にリボンテープか首輪を通す。犬の首にかけ、端を蝶結びするか留めて輪にする

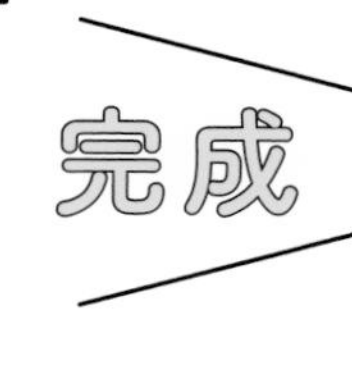

完成

pick up item

洗濯洗剤は無香料のものを

ゼロのくらし
無添加洗濯洗浄剤
バイス

嗅覚の鋭い犬が身に着けるものを洗うときは、無香料の洗剤を選びたい。「バイス」は重曹水を電気分解することで汚れを落とす、新発想の洗濯洗剤。香料や着色料だけでなく、アルコール分や防腐剤も無添加で肌に優しい

制作時間
3分

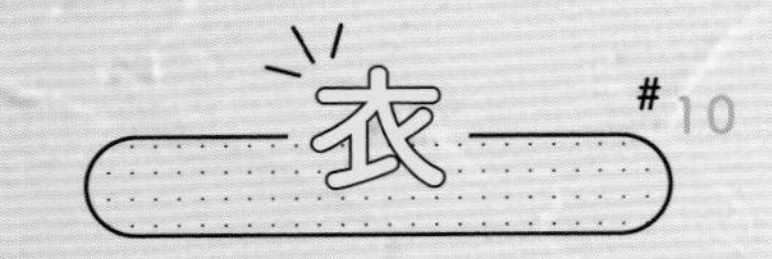

足首を温めて冷え防止

簡単関節カバー

子ども用靴下で簡単にできる

人間でも、首、手首、足首の3つの首を温めるといいと言いますが、犬も同じ。人間の手首、足首にあたる前脚と後ろ脚の足首を温めると、冷えや血行不良の防止になります。ただ、肉球まで覆う靴下を履かせると、歩ける子の場合は特に、違和感やストレスを感じやすいです。そこで、100円ショップにもある、子ども用靴下のつま先を切り落として活用。多少は床ずれ防止にもなります。

用意するもの

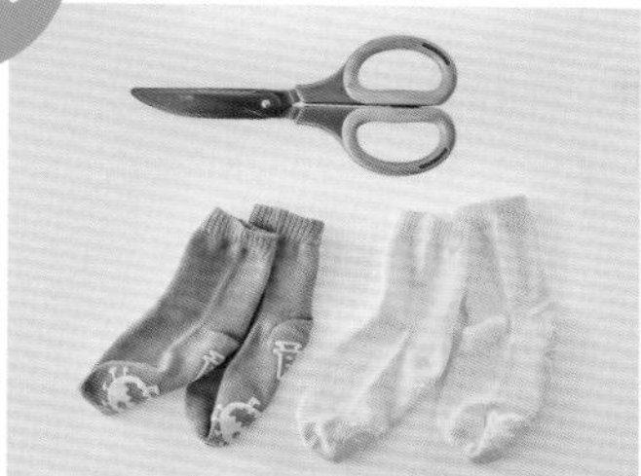

・子ども用靴下 2セット
・ハサミ

小型犬の場合

小型犬の場合、子ども用靴下では大きすぎて脱げてしまう。100円ショップにも売っている、床を傷付けるのを防ぐ靴下タイプの椅子脚カバーを活用。4足セットなのでリーズナブル

作り方

1

子ども用靴下のつま先部分を、生地の縫い目のあたりでハサミを使って切り落とすだけ

完成

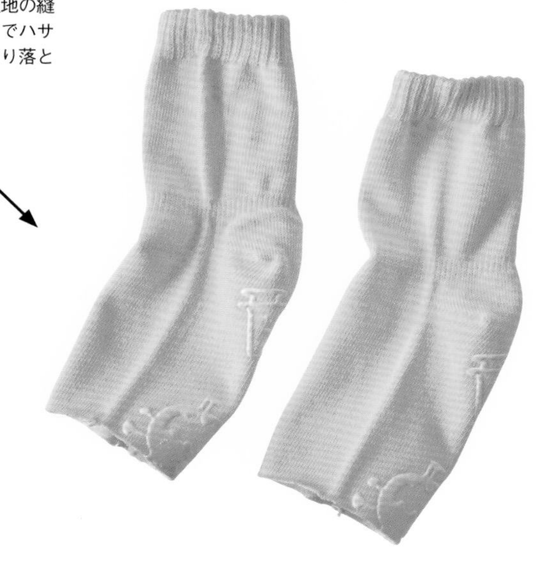

履かせ方のポイント

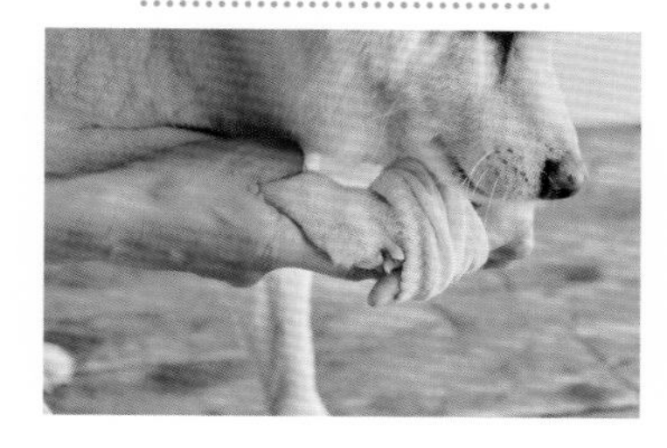

靴下を丸めて短くし、狼爪にひっかけないように履かせる。靴下の形を活かして、靴下のかかと部分が肘にくるようにする

温めるべきポイントは?

覆って温めたいのは、前脚と後ろ脚の筋肉全体。また、前脚の肘関節と手根関節、後ろ脚の足根関節は、床ずれができやすいポイントなので、ここもカバーしたい。愛犬に必要な長さを測って、靴下を購入しよう

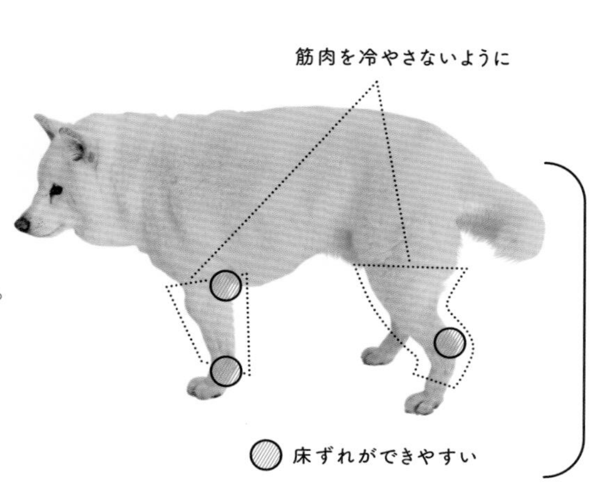

制作時間
10分

衣 #11

つま先の保護や滑り止めに

靴下の活用法

安価な椅子脚カバーや乳幼児用靴下を活用

老犬になると筋力が低下して脚が上がりにくくなり、甲やつま先を地面に擦りながら歩く「ナックリング」をすることがあります。そうなるとつま先を傷めやすいため、靴下で保護してあげるのが有効です。また、外用の靴の中ばきとしても、フローリングなど滑りやすい床を歩くときの滑り止めとしても活躍します。犬用の靴下も選択肢が増えましたが、消耗品として頻繁に買い替えることを考えると、安価なものは椅子脚カバーや乳幼児用靴下で見つかりやすいです。

用意するもの

・靴下タイプの椅子脚カバー4本セット
・粘着性の伸縮包帯

やり方

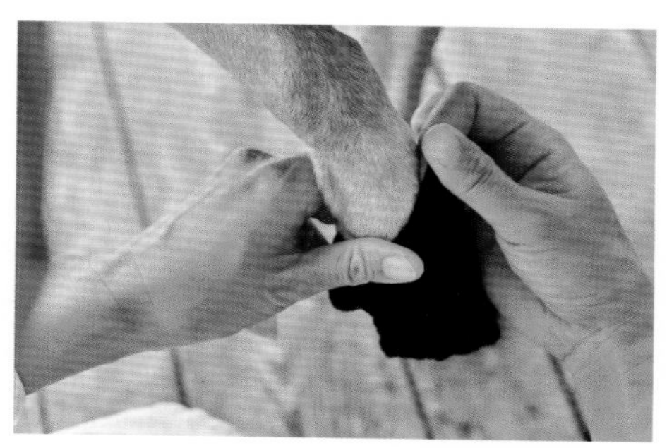

1 狼爪に引っ掛けないように気をつけながら、靴下を履かせる

2 脱げないように粘着性の伸縮包帯で留める。伸縮包帯を靴下から少しはみ出すぐらいで1周巻き、少し上にずらしてもう1周巻く

3 すべての足に巻く。滑りやすい床を歩くのでなければ、これで完了

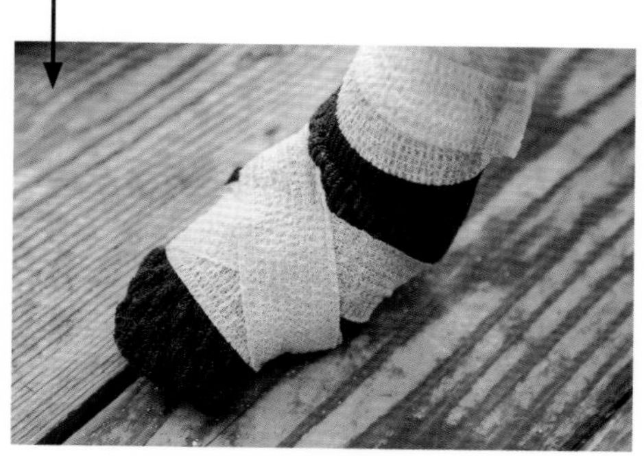

4 滑り止めにも伸縮包帯を活用。指球の付け根あたりで1周巻いた後、足の甲でクロスするように巻く

one more

寝たきりの子の保温にも

つま先の保護や滑り止めには、足首ぐらいまでの短い靴下がおすすめだが、P030の関節カバーと同様に足首の保温が目的なら、長めの靴下を選ぼう。寝たきりで歩かない子なら、つま先をカットせず脚全体を温めるとよい

呼吸、浅くなっていない？

何かに追われていたり、心配ごとがあったりすると、知らず知らずのうちに呼吸が浅くなってしまいます。

老犬の介護は昼夜関係なく、犬が動いたほんの少しの音でもはっと起きたり、夜鳴きや要求吠えが止まらず、ほとんど寝られなかったり、眠りの浅い状態が続いたり。また、愛犬が何かしらの疾患を持っていると、体調が上がったり下がったり、そのたびに一喜一憂して気持ちがヘトヘトだったり、心折れそうになったり。さらに、介護時の姿勢によっては背中を丸めた状態が続いたり……。さまざまな理由で、飼い主さんの呼吸が浅くなりがち。いわゆる隠れ酸欠状態です。

この隠れ酸欠状態になると、体内に取り入れられる酸素の量が減り、十分な酸素を全身に届けることができなくなります。結果、体の酸化を進め、疲れやすくなったり、頭痛が起こったり、さらには自律神経の乱れを引き起こしたりします。

特に、自律神経の乱れは不安障害につながると言われており、犬の介護や治療が続く中で、平常心を保つことが難しくなってしまいます。

過剰に心配してしまう、イライラが止まらずつい犬に当たってしまって自己嫌悪に陥る、疲れが全然取れず常に疲労を感じている、体が温まらず冷えている、太りやすくなっている……。こんな自分の状態に気がついたら、まずは深呼吸をしましょう。

腹式呼吸で、ゆっくりと、こんなイメージで行ってみてください。

1．姿勢を正して、背骨をまっすぐにします。頭のてっぺんからまっすぐ上に糸で引っ張られているようなイメージで。
2．肩を上げたり下げたりします。肩の力を抜き、肩甲骨を締めるイメージで。
3．息を吸うときにお腹を膨らませ、吐くときにお腹をへこませます。
4．息を鼻から吸って、口から出します。

1日1回でも、2～3分でも、ゆっくりと深く呼吸する時間をぜひ作ってください。飼い主さんのリラックスは、犬のリラックスにもつながるはずです。

○○○○○

for eat

食べさせ方から歯みがきまで
老犬の体を作る大事な食事のこと

若いころは何でも食べたがった子でも、
老犬になると食べムラが出てくることがあります。
また、ハイシニアになると、いかに栄養と水分を摂らせるか、
誤嚥をさせないようにするかは、大きな課題です。
食べさせ方からトッピング、オヤツ、流動食、水分補給、
歯みがきまで、老犬の食にまつわる多様なアイデアを紹介します。

高さと角度がポイント

食器スタンド

身近なものを使って誤嚥しづらい位置に調整を

老犬になると、気管の筋力が弱くなって食べ物を飲み込みづらくなったり、前脚に力が入りづらくなって食べるときの体勢が不安定になったりします。結果、誤嚥の危険性が高くなったり、食欲が低下したりすることもあります。食べたものが胃に正しく送られるようにするためには、食器の高さと角度がポイントです。市販の食事台には、角度のついたものや高さを変えられるものもありますが、100円ショップやホームセンターで買えるものでも十分に代用できます。

用意するもの

- ゴム製のドアストッパー 2～3個
- 転倒防止ジェル 2～3個
- 食器用滑り止めシート

やり方

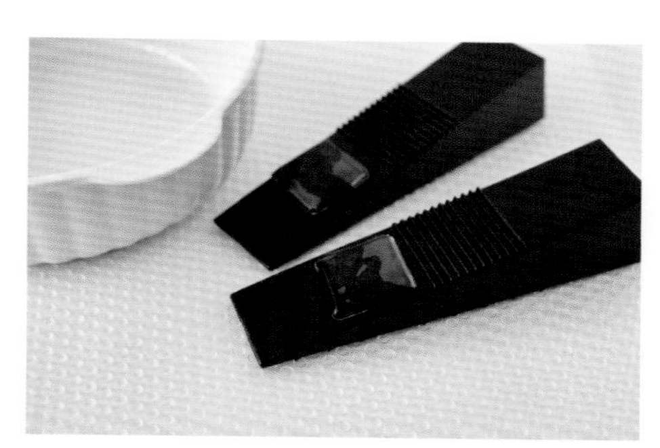

1 食器用滑り止めシートを敷き、その上にゴム製のドアストッパー２～３個を置き、ドアストッパーに家具などの転倒防止ジェルをのせる

2 転倒防止ジェルの上に食器をのせて、10～15度ほど角度をつける。ドアストッパーの上のほうに置くと、食器の位置を高くできる

3 高さが足りない中・大型犬の場合は、ドアストッパーの上に台をのせ、さらに転倒防止ジェルを置いて食器をのせるなど、高さ調整を

食器の高さと角度の目安は？

食べやすい食器の位置は犬によっても異なるが、高さの目安は口もとの10cm下ぐらい。角度の目安は10～15度ぐらい。食べにくそうにしていないか、実際に食べているようすを見ながら、調整しよう

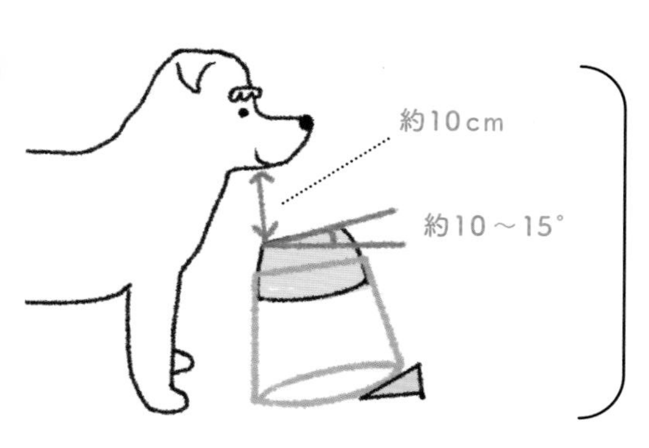

クッションやタオルを活用

誤嚥予防法

食べこぼしの汚れ防止にはビニール袋を

愛犬が自分で舌を使って口に運べるうちは、できる限り食べる楽しみを味わわせてあげたいものです。自力で体を安定させてまっすぐ保てなくなったり、寝たきりになったりした場合、食事の介助が必要になります。クッションなどを使って愛犬の体を起こし、背中側から下がりやすい首をサポートして食べさせてください。食べこぼしが激しくなることもあるので、サポート用のクッションはジッパー付きビニール袋などに入れて使うと汚れません。

用意するもの

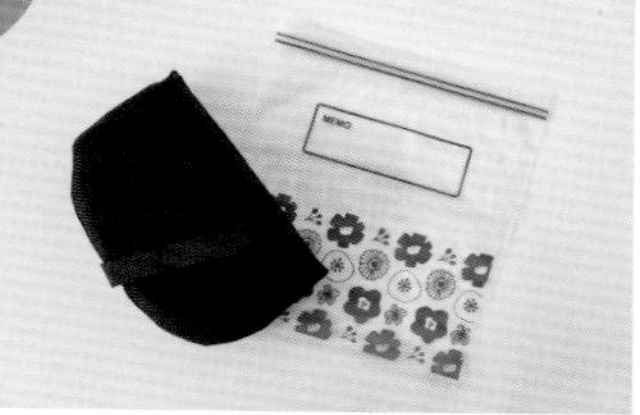

・腰当てクッション
（タオルを折りたたんだものでもOK）
・ジッパー付き
ビニール袋　1枚

やり方

1 腰当てクッションか折りたたんだタオルをジッパー付きビニール袋に入れる

2 フセの体勢で前脚をクッションにのせたときに、低すぎない高さに器がくるように調整する。背中側から体を支えて、食べさせる

誤嚥しやすい食べ物は？

張り付くもの

干し芋やペラペラした海藻は、乾燥した口の中や食道に張り付いて、気管の炎症や窒息の危険もある

パサパサしたもの

固ゆで卵やクッキーなどまとまらずポロポロ分解するものは、むせたり気管に入ったりする危険がある

固形と水分が分離しやすいもの

スイカやがんもどきなど、噛むと水分が出るものは、水分が気管に入ったりむせたりする原因になる

固い塊

肉の塊や骨、硬めのジャーキーなどは、噛まずに丸呑みしようとして詰まり、窒息する危険がある

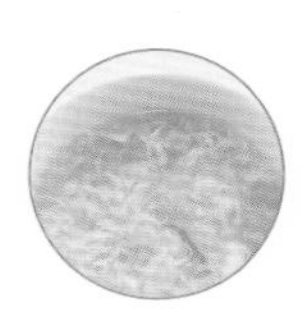

サラサラの水分

水やサラサラのスープであっても、気管に流れ込んで、気管支への流動による肺炎の危険性もある

one more

食事前に口の中を湿らせて

老犬の口の中は唾液の分泌が減って常に乾燥しがちで、そこにいきなり食べ物が入ると誤嚥のリスクが高くなる。自力で水を飲めない場合は、食事前にスプレーボトルに新鮮な水を入れて、犬歯の後ろからそっとスプレーして潤そう

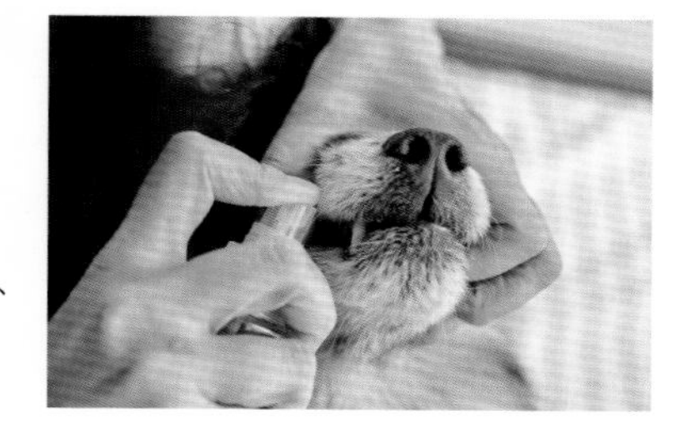

食いつき抜群のウェットな間食

液状おやつ

食欲がないときのサポートとしても活躍

食いつき抜群で人気の液状おやつ。市販のものを与えるのは添加物などが心配という場合は、手作りしてみては？　シンプルな材料で、飲み込みやすく消化に優しいウェットなおやつの作り方を紹介します。愛犬の食欲がないときにも活躍します。ただし、無添加で日持ちしないため、残った場合は冷蔵庫で保存し、2日以内に与え切りましょう。冷蔵したものを与えるときは、絞り袋から出してレンジで温めるか、湯で伸ばして、再度絞り袋に戻して与えます。

用意するもの

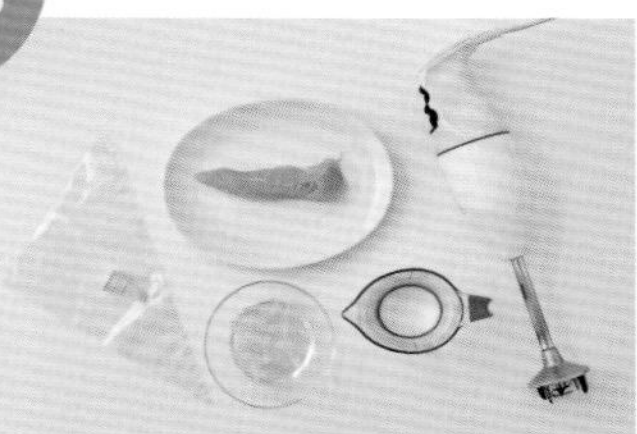

- 鶏ササミ 1本
  ※好みのたんぱく質でOK
- 水 200mL
- 糸寒天 1g
- 絞り袋、口金
- ブレンダー

作り方

1 鍋に湯を沸騰させ、鶏ササミを入れて約5分火を通す

2 1に糸寒天を加えて、混ぜながら約2分煮溶かす

3 火を止め、ブレンダー（なければミキサーかフードプロセッサー）でペースト状にする

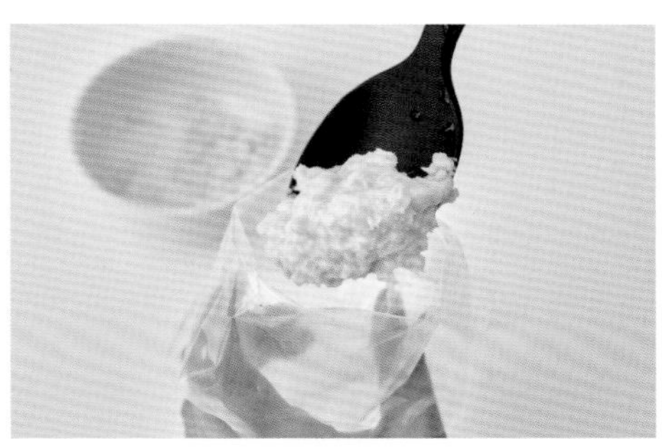

4 口金の先が約3分の1出るように絞り袋を切り、口金を絞り袋にセットする。3を絞り袋に入れて、絞りながら与える

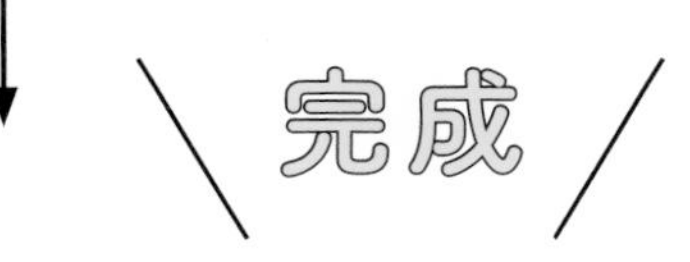

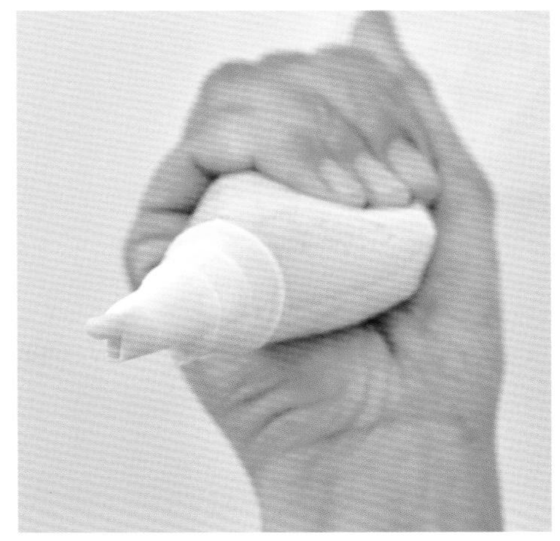

嗅覚を刺激し食欲を引き出す

テンションアップのふりかけ

自宅でも簡単に作れる自家製ふりかけ

愛犬の食欲がないときは、香りの強い食材をトッピングするなど鼻からの情報を増やして食欲を刺激すると、食べられる場合があります。いちばん簡単なのは、カツオ節や粉チーズなどそのままふりかけにできる食材を活用すること。もうひと手間かけるなら、水分を飛ばしてカラカラにした食材を食品ミルなどで粉末にすれば、自家製ふりかけを簡単に作れます。食材によっては乾燥させることで栄養価がアップ。また水分を飛ばすことでカビや腐敗を防ぎ、長期保存ができます。

・好みの肉や魚
（鶏ササミ、鶏レバー、
牛赤身、豚レバー、
カツオのたたき、生サケなど）
・食品ミルやフードプロセッサーなど
粉末にする道具

作り方

1 好みの肉や魚を薄切りにした後、スプーンなどでたたいて薄く伸ばす。脂質を減らしたい場合は下ゆでしてから

2 あればフードドライヤーで、なければキッチンペーパーで上下を挟んで約3～5分レンジにかけて、乾燥させる

3 乾燥させた肉や魚を、ハサミで適度な大きさに切る

4 食品ミルやフードプロセッサーなど、乾燥食材を粉末にできる道具を使って粉状にする

完成

おすすめのトッピング

黒ごまきな粉

市販のもの。ポリフェノールの抗酸化作用によって、肝臓機能アップやがん抑制が期待される。きな粉の甘い香りも食欲増進に

あずき粉

市販のもの。あずきには余分な水分を排出し、こもった熱を発散する働きがある。腎臓ケアにもなり甘味も強いので老犬におすすめ

煮干し粉

市販のもの。煮干しには老犬に嬉しい栄養が豊富。骨や精神の安定、造血などの働きがあるカルシウムや、ビタミン、DHAなど

鶏ササミの粉末

手作りも可能。肉のドライ粉末は好む犬が多く、食欲不振時にはたんぱく源にも。中でも鶏ササミは脂質が少なくおすすめ

愛犬に合った方法を見つけよう

食欲アップ術

無理に食べさせるよりバランスを大切に

老犬になると、嚥下力や消化能力が低下するとともに、運動不足による血行不良や、口内の環境悪化などによって、食ムラが激しくなりがちです。食欲アップのポイントは、におい。犬は視覚や聴覚が衰えても嗅覚は最後まで残ると言われているので、香りを立てて食欲を誘いましょう。ただし、老犬のごはんは完食を目指すよりも、バランスと水分の摂取を最優先に。無理に食べさせると、消化不良から下痢や嘔吐につながるので、食べるペースやウンチの状態を見ながら調整してください。

食べないときに試したいこと

1) 温めて香りを立てる

温度が上がると香りが立ちやすくなるため、いつもと同じごはんでも、温めるだけで香りが強くなって食欲をそそり、食べられる場合がある。湯や肉や魚のゆで汁をかけたり、レンジで温めたりして与えてみよう

2) フードの硬さを変える

食感の好みには個体差があり、柔らかいものより歯ごたえのあるものを好む犬もいれば、逆に硬いと嫌がる犬もいる。硬さの違うフードを選んだり、加える湯の量を変えたりして調整してみて

3) トッピング

においの強いものをトッピングをするだけで、いつものドッグフードでも食べてくれることはよくある。P042のようなふりかけのほか、肉や魚をゆでてその汁ごとかける方法もある。トッピングしすぎると栄養が偏るので注意

4) 焼く

肉や魚などの動物性たんぱく質は、焼くともっとも香りが立つ。そのまま与える場合も、トッピングとしてフードにのせる場合も、フライパンやトースターなどで表面を焼いて犬の嗅覚を刺激し、食べるきっかけを作ろう

5) 甘みを足す

意外なことに、犬の味蕾（みらい）は、甘味をいちばん強く感じると言われている。そのため、甘味は犬の大好物。サツマイモや少しのメープルシロップ、黒糖などで少し甘味を足して、おいしさを味わわせてあげて

6) 口のまわりのマッサージ

老犬になると、薬やストレス、水分バランスなどの影響で唾液が少なくなっていることがある。そこで、口やアゴのまわりをマッサージして唾液の分泌を促そう。唾液は食物の消化を助けてくれるとともに、誤嚥の予防にもなる

COLUMN

食欲がないときのお助け食品

愛犬が何も食べてくれず、何でもいいから食べてほしいときは、
食欲を刺激しやすく、少量でも高エネルギーのものがおすすめ。
市販のものでいいので、愛犬の好きな栄養補給アイテムを見つけておいて。
ただし、ごはんが食べられる犬にはおすすめしません。

卵系

卵はアミノ酸バランスに優れた、良質のたんぱく質。免疫力を維持するためにもたんぱく質は必須で、肉や魚を食べないときには特に与えてほしい。たんぱく質だけでなく、ビタミンやミネラルなど必要不可欠な栄養素がバランスよく含まれる

カスタードプリン

卵が主原料のカスタードプリンはコンビニにもある。比較的喜んで食べる犬が多いアイテム

カステラ

卵をたっぷり使用したタイプのものを選んで。ざらめの部分も少しならOK。コンビニでも買える

茶わん蒸し

茶わん蒸しは高たんぱく質で栄養補給になり、ダシの香りが食欲増進に。少し温めて与えるのも◎

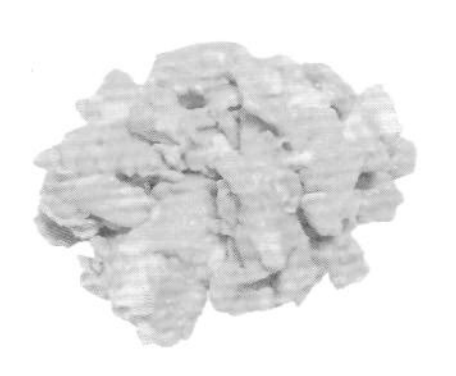

炒り卵

卵は炒ることでより食いつきがよくなる。さらに、油と合わせるとビタミンの吸収率がアップ

脂系

犬は鼻で食べるとも言われており、脂肪のにおいにはよく反応してくれる。また、脂質はエネルギーに変わるのが速いので栄養補給になる。食欲の誘導にはおすすめだが、大量に与えるのはNG。また、膵炎など脂の摂取を控えている犬には使えない

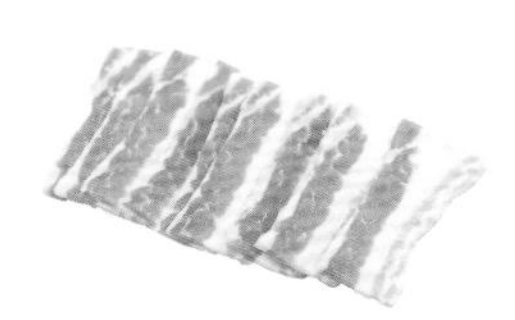

バラ肉

しゃぶしゃぶするだけ。脂も多く高エネルギーながら、リンが少なく腎臓に問題のある犬にも◎

鶏皮を焼いたもの

鶏皮は成分の半分が脂質でできている。焼くと香りが立ちやすいのもおすすめのポイント

少量のバター

脂肪分が80%以上ととても高脂肪高カロリー。何も食べてくれないときに少量与えるのによい食材

チーズ

塩分の少ないチーズ、中でもビタミンやカルシウムが豊富で高栄養なカッテージチーズがおすすめ

大豆＆あずき系

不思議と老犬には比較的人気の大豆やあずき系は、植物性のたんぱく源になり、抗酸化作用も期待できる。また、大豆はアミノ酸バランスがよく、消化吸収率も高いとされている。あずきは利尿作用が高く腎臓ケアにも向いており、昔は薬としても用いられていた食材

きな粉棒

駄菓子の定番アイテム。大豆をすりつぶしたきな粉と水あめが主原料になっている。硬すぎず柔らかすぎず老犬に人気

くずもち

胃腸に優しく、体を温め、腸を整え、エネルギーも補給できる。きな粉をまぶして与えると、大豆を一緒に摂れる

おしるこ

汁状になっているので、水分も一緒に摂ることができる。あずきの香りが食欲誘因になるほか、腎臓ケア効果も期待

水ようかん

つるっと飲み込めるので、そしゃくが難しい犬にも、シリンジを使用して少しずつ与えられるのが嬉しい

市販のもの

食欲がないときに愛犬が食べてくれそうなものの候補がたくさんあると、いざというとき困らない。犬用や人間用のレトルトや冷凍食材、乳幼児用や老人介護用の食べ物など、自宅に保管しておけるものや、コンビニですぐ入手できるものなども候補に入っていると、手間をかけずすぐに用意できて便利

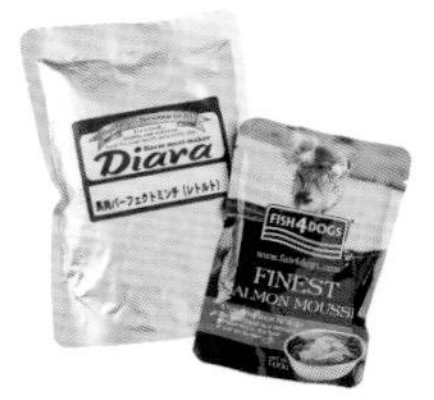

犬用肉レトルト

肉の香りが強く、袋から出してすぐに与えられる。素材をそのまま使用した、添加物がないものを選んで

離乳食

塩分控えめの優しいダシで作られているものが多く、添加物も少ない。タマネギが入っていないか注意して

犬用冷凍テリーヌ

冷凍保存で日持ちし、与えたいときにさっと解凍して与えられる。柔らかいので与えやすいのもポイント

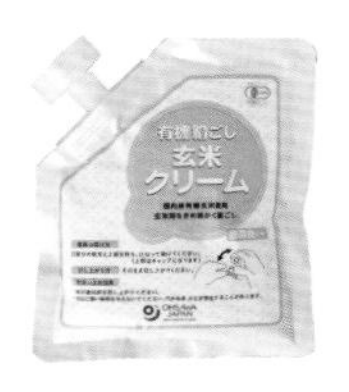

おかゆペースト

人間用の養生食で、完全にクリーム状のものを選ぶと消化に優しい。焼いた肉や魚を混ぜてもいい

甘酒

「飲む点滴」とも言われる。原材料に糖分が添加されていない、麹のみか、米と麹のみのものを選んで

ポタージュスープ

甘みがあり、食欲がないときの誘因にもなる。寒天にしたり、肉や野菜を煮込んでごはんにしたりしても◎

フルーツゼリー

抗酸化作用の高いビタミンCを摂って、体の酸化防止に。果物自体を食べてくれるならそちらを優先して

いつものごはんをペーストに

ドライフードの流動食

とろみをつけて飲み込みやすく&誤嚥予防

固形物の飲み込みが難しくなった場合や、消化不良で下痢しやすいとき、便秘が続いているときは、食べ物をゆるめのペースト状にしてあげるのがおすすめです。飲み込みやすく消化に優しくなり、腸への負担を軽減できます。いつもドッグフードを与えている場合は、食品ミルなどを使ってドライフードを粉末にし、水を加えてペースト状にします。さらに、喉に流れ込んで誤嚥しないように、市販のとろみ剤を使うと、より飲み込みやすく、与えやすくなります。

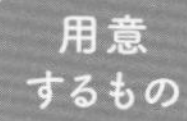

用意するもの

- ドライフード
- とろみ剤 小さじ1
- 水 適量
- 食品ミル
- ドレッシングボトル

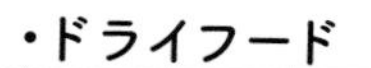

作り方

1 いつものドライフードを、食品ミルやフードプロセッサーなど乾燥食材を粉末にできる道具に入れる

2 食品ミルの場合は、ふたをして上から押すなどして動作させる

3 あっという間に、ドライフードがこれぐらいの粉末になる

4 3を深めの器に移し、ひたひたの水を加えながらよく混ぜる

5 4に市販のとろみ剤を振り入れる

6 さらによく混ぜ、とろみのある液状にする

7 6をスプーンなどを使ってドレッシングボトルに入れれば完成。犬歯の後ろのすき間から少しずつ入れて食べさせる

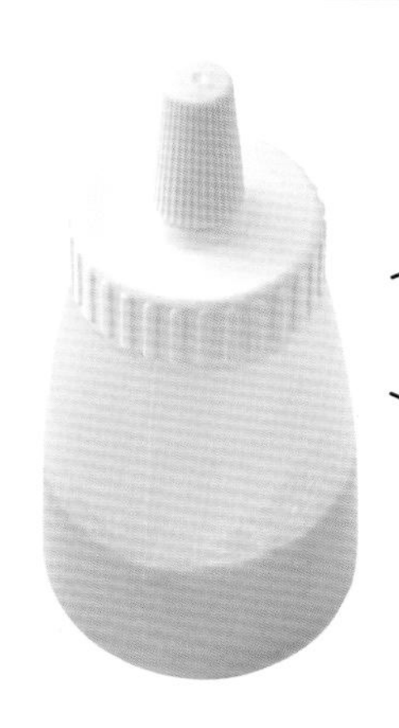

完成

フードより食いつきがいいことも

手作り流動食

愛犬の好きな肉や魚と野菜を使って作る

ドライフードを食べなくなったり、舌を使って食べ物を取り込めなくなったり、自力で噛めなくなったりしたときは、フレッシュな肉や魚と少しの野菜で流動食を作ってみましょう。飲み込みやすく誤嚥しにくくするには、ジャガイモを使うこと。ジャガイモはすり下ろして煮ることで、片栗粉のもとでもあるデンプンがより粘度を増して、ドロドロになります。愛犬の喜ぶ肉や魚とジャガイモをベースに、野菜やきのこなどをプラスして、オリジナル流動食を与えてみてください。

用意するもの

- 肉または魚　約60g
- ジャガイモ　約1/2個
- ニンジン　約1cm
- ブロッコリー　約1房
- マッシュルーム 約1個
- 水 150mL　・おろし金

※体重5kg、1日2食の場合の1食分

作り方

1 鍋に水を入れて火にかけ、沸騰させておく。ジャガイモやニンジンなど根菜はすり下ろす

2 ブロッコリーなど緑の野菜や、マッシュルームなどのきのこは、細かめのみじん切りにする。肉や魚も細かく切る

3 火の通りにくい食材から1の鍋に入れて煮込む。煮込みすぎると栄養素が減ってしまう場合があるので、トータルで6～7分程度

完成

one more idea

自力ですくえない場合はペースト状に

下痢や便秘が続いているときや、自力では食べられずシリンジや容器を使うなど介助が必要な場合は、ブレンダーでさらに細かくしてあげたい。適当な大きさに切った食材を煮込んだ後、ブレンダーで細かいペーストにして与える

水分と栄養を同時に摂れる

水分補給の黄身ミルク

老犬は脱水気味。計画的に水分補給を

健康維持には欠かせない水分補給ですが、老犬になると水分摂取量ががくんと減りがち。しかし、飼い主も食事に比べて水分を意識的に与えることは忘れやすいです。体が脱水気味になると、各臓器が正常に働けず、また血液がドロドロになって心臓や肝臓に負担をかけてしまいます。ただ、水を置いておくだけや、そのまま差し出すだけでは飲まないことが多いので、味を付けるなどして飲んでくれるよう工夫しましょう。ここでは、栄養価が高く、喜ぶ犬の多い黄身ミルクを紹介します。

用意するもの

・固ゆで卵の黄身　1個
・ヤギミルク　120mL

1日の水分摂取量の目安

1日に必要な水分量は、「体重（kg）の0.75乗×132」（より簡単には体重（g）×0.05～0.07）で計算できる。ただし、フードや食材から摂取する分も含まれる。食事に加えて水分補給の時間を取り、計画的に与えよう

体重	水分量
2kg	220mL
5kg	440mL
7kg	570mL
10kg	740mL
15kg	1,010mL
20kg	1,250mL
30kg	1,690mL

作り方

1 固ゆで卵の殻をむいて黄身だけを取り出し、フォークの背などでつぶす

2 粉末のヤギミルクは、パッケージの分量に従って水やぬるま湯を入れ、液体にする

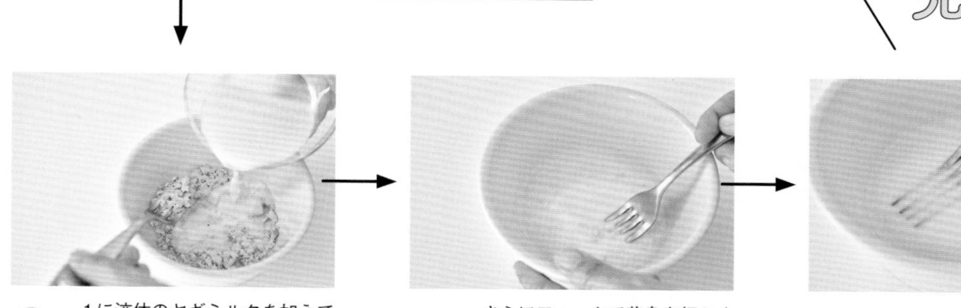

3 1に液体のヤギミルクを加えて伸ばす。ヤギミルクの代わりに、白湯やアーモンドミルク、麹甘酒、牛乳などでもOK

4 さらにフォークで黄身を細かくつぶす

完成

one more idea

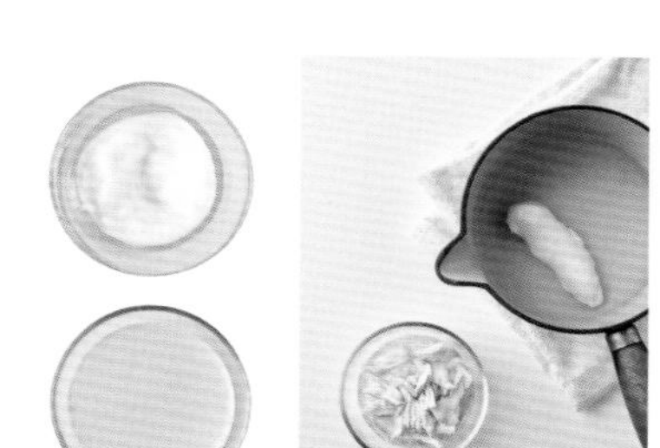

味付きの水も活用を

より簡単に、味付きの水を与えるのでも十分だ。肉のゆで汁や、ヨーグルトや甘酒、アーモンドミルク、ライスミルク、トマトジュース、リンゴジュース、ニンジンジュースを2～3倍に薄めたものなど、愛犬の好むものを見つけよう

安全安心な食品でみがく 歯みがき術

しつこくみがかずさくっと終わらせるのがコツ

口の中を清潔に保つことは、おいしく食事をするためにも内臓の健康維持にも、大切なことです。とはいえ、老犬になっていきなり歯みがきをしようとしても嫌がることが多いので、若いうちから始めましょう。嫌がらせないコツは、長々としつこくみがかず、できるだけ手短に済ませること。ここで紹介する360度スポンジの乳幼児用歯ブラシは、柄が歯ぐきに当たって痛める危険が少ないです。また、マヌカハニーとリンゴ酢は、口腔内の除菌や歯石軟化の効果が期待できます。

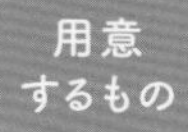

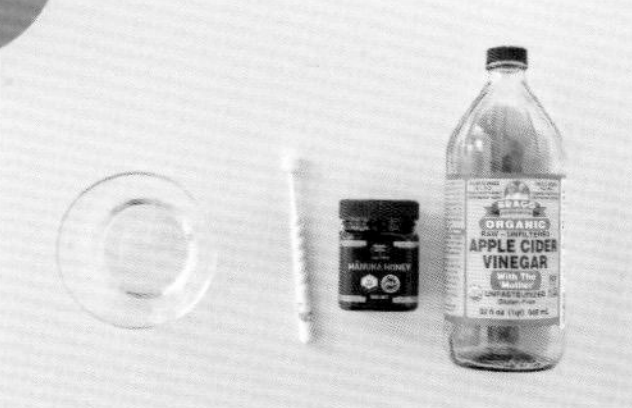

- 360度スポンジの乳幼児用歯ブラシ
- マヌカハニー　ごく少量
- リンゴ酢　ごく少量
- 小皿

やり方

1 ごく少量のリンゴ酢を小皿に出す

2 濡らしたスポンジ歯ブラシに、ごく少量のマヌカハニーをスプーンなどで垂らす

3 2のスポンジ歯ブラシに1のリンゴ酢を付ける

4 歯と歯茎に軽く当てながら、塗りつけるように優しくスライドする

歯みがきが得意でない場合

歯みがきがあまり得意ではない子には、指にはめて使える指サック型のガーゼタイプを使用。何もつけなくても、水だけで磨けるものも販売されている。指サック型で磨きつつ、歯ブラシに慣らす練習をしよう

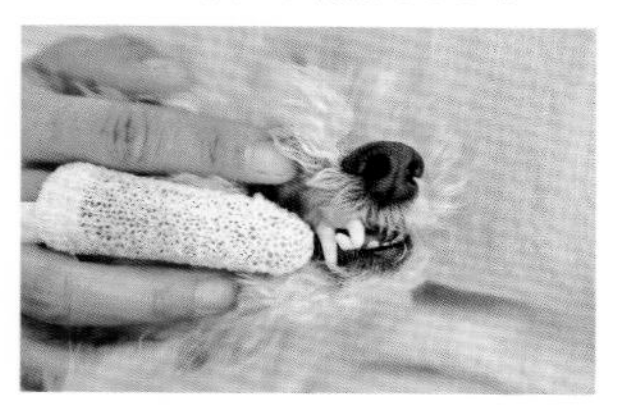

one more

麻炭で汚れ吸着＆消臭

歯をしっかり触らせてくれる子で、消臭効果を期待したい場合は、ほんの少し濡らしたスポンジ歯ブラシに麻炭をつけてみがく方法もある。みがいた後は、濡らしたペーパータオルやガーゼで拭き取ろう

薬とバレないように食べさせる

薬の飲ませ方

愛犬に合った飲ませ方を見つけよう

身体機能が全体的に衰えてくる老犬期には、病気でなくても毎日継続的に飲む薬が増えがちです。そうなるとだんだん薬を飲みたがらなくなり、錠剤を喉の奥に入れようとしても舌でうまく弾き出してしまったり、食べ物に混ぜても上手に薬だけ出してしまったりすることもあります。愛犬の好きな食べ物で、薬全体を包み込んで丸められる食材をうまく活用しましょう。粉末タイプの薬も、ごく少量の水で練って丸めれば、錠剤同様に飲ませることができます。

用意するもの

・焼き芋
・モッツァレラチーズ、カッテージチーズ
・カステラ　・食パン
上記のいずれか、愛犬の好きなもの

やり方

1　上記の愛犬の好きな食べ物を、薬を包み込める大きさにちぎる。ここではカステラを例に紹介するが、他のものでも同じ

2　食べ物の中に完全に隠れるように、薬を入れ込む

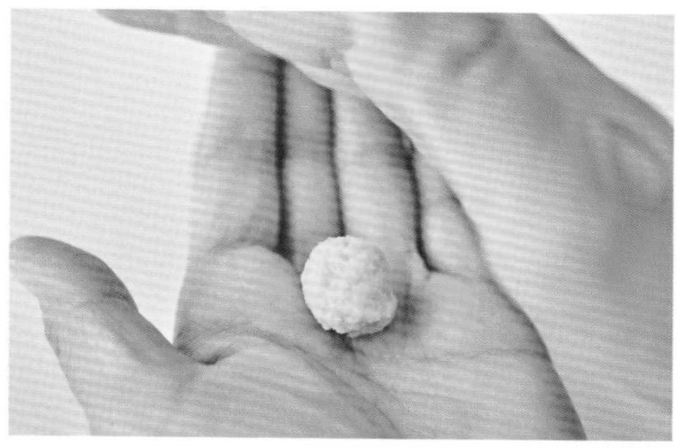

3　2を両手のひらで転がして硬めに丸め、そのまま愛犬に食べさせる。

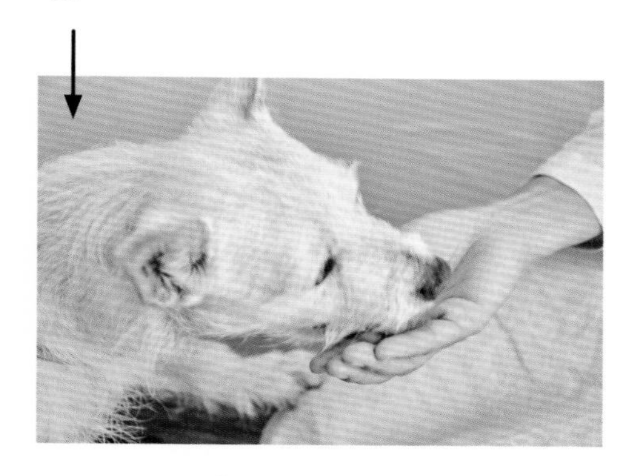

完了

one more idea

ピルカッターやピルクラッシャーを活用しよう

ピルカッターは、薬を半錠飲ませるときに簡単に半分に切れる道具。ピルクラッシャーは、錠剤だと飲んでくれないけれど粉末ならペーストなどに混ぜて飲ませられるときに、錠剤を粉砕する道具。愛犬に合わせてうまく活用しよう

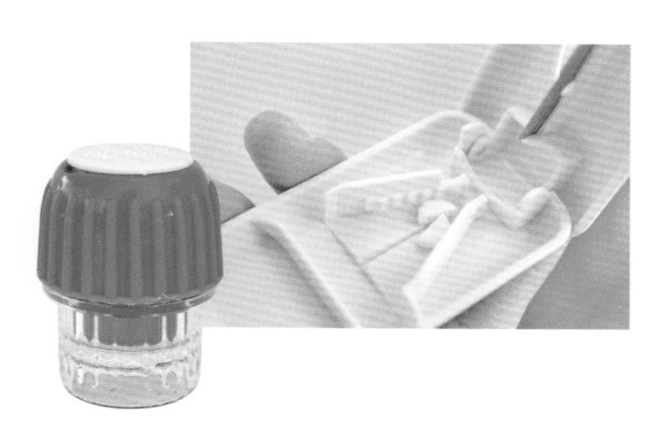

○○○○○ for eat

ミントで犬も飼い主もリラックス

口のまわりの洗い方

食後すぐに口の中と外をきれいにしておこう

特に流動食のようにペースト状のごはんを食べさせると、食後の犬の口のまわりは食べこぼしでドロドロになりがち。拭くだけではきれいにならない場合は、ボウルに水を張って、水を手ですくいながら食べカスなどを洗い流しましょう。もしあれば、抗菌作用や鎮静効果があるとされるミントの葉を水に浮かべると、飼い主も愛犬も心身ともにリラックスできます。食後にP054の歯みがきとセットで行うようにすると、口の中も外もきれいに保てます。

用意するもの

- 水入りのボウル、または洗面器
- ミントの葉

赤ちゃん用の鼻水吸引器を準備

たんの吸引

子どもの鼻水を吸い出すのと同じ要領でたんを除去

老犬になると、歯が抜けて舌が口の横から出たままになったり、食道や気管の筋肉が衰えたりすることで、唾液やたん、食べカスなどを自然に飲み込めず、口の中に溜まってしまう場合があります。これらを何かの拍子に誤嚥すると、窒息など命に関わる事態になることも。また、溜まったままでは咳が出たり、呼吸が苦しくなったりと不快なので、詰まり気味の犬は日々吸引してあげると楽になります。今すぐ必要なくても、もしもに備えて常備しておくことが大切です。

用意するもの

- 子ども用の鼻水吸引器

心と体、固くなっていない？

介護期や闘病期が長くなればなるほど、睡眠時間もままならなかったり、自分の時間を取ることが難しくなったり、犬の体調次第で気分が上がったり下がったり、自分の生活する世界が狭くなったりします。常に気持ちにも体にも力が入りっぱなしで、気がついたらカチコチ。

そんなカチコチ状態では、うっかりネガティブな思考に傾いてしまいます。心配や不安ばかりが膨らんで、犬との貴重な時間をただ不安な時間にしかねません。

老犬との暮らしは、若いころのようにいかないことも増えますが、一日一日がかけがえのない時間になってきます。まずは、飼い主さんの気持ちがほぐれ、できるだけ柔らかい気持ちで犬との時間を過ごせたら、きっと自然と心地よい空気が流れると思うのです。

太陽の光を浴びて、今日も一緒にいられることにほっこりしたり、ゆっくりお風呂に入って自分の体を労ってあげたり、好きな香りのアロマやお香などで気持ちを落ち着かせたり、好きなお笑い系の動画で思いっきり笑ったり、少し丁寧に入れたお茶といつもより少し贅沢なおやつを自分へのごほうびにしたり……。ご自身の体が喜ぶことを一日1つ、してあげてくださいね。

一日の始まりが朝とは限らない24時間体制になってしまうこともありますが、それでも、朝日からはたくさんのエネルギーを受け取ることができます。朝日が昇ったら、一瞬でも浴びる余裕をもつのがおすすめです。飼い主さんのほぐれた心と体は、愛犬の心と体も一緒にほぐしてくれると感じています。

ついつい煮詰まりがちな、介護生活。

たまには愛犬の小さかったころや若かりしころの写真や動画などを開いて、愛犬と一緒に懐かしむのも、楽しい時間。こんな時代もあったのねぇ～と、不思議と優しい気持ちになります。きっと愛犬も照れくさそうにしたりして、心がほぐれるひとときになると思いますよ。

○○●○○

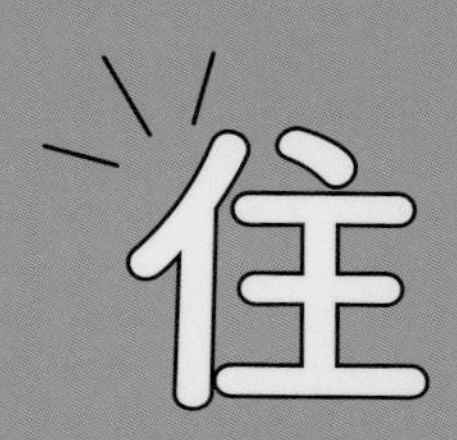

for live

ベッドの工夫から掃除まで
老犬が一日の大半を過ごす住環境のこと

老犬になると、家の中やベッドで過ごす時間が増えるので
住環境はとても大切になってきます。
また、飼い主も愛犬とリビングにいることが多くなるので
お互い快適に過ごすための工夫も、大切なテーマの1つ。
ベッドの工夫や床ずれの予防と対策、犬の居場所の消臭など
老犬の住環境にまつわる多様なアイデアを紹介します。

素材を重ねて快適な寝床作り

ベッドの工夫

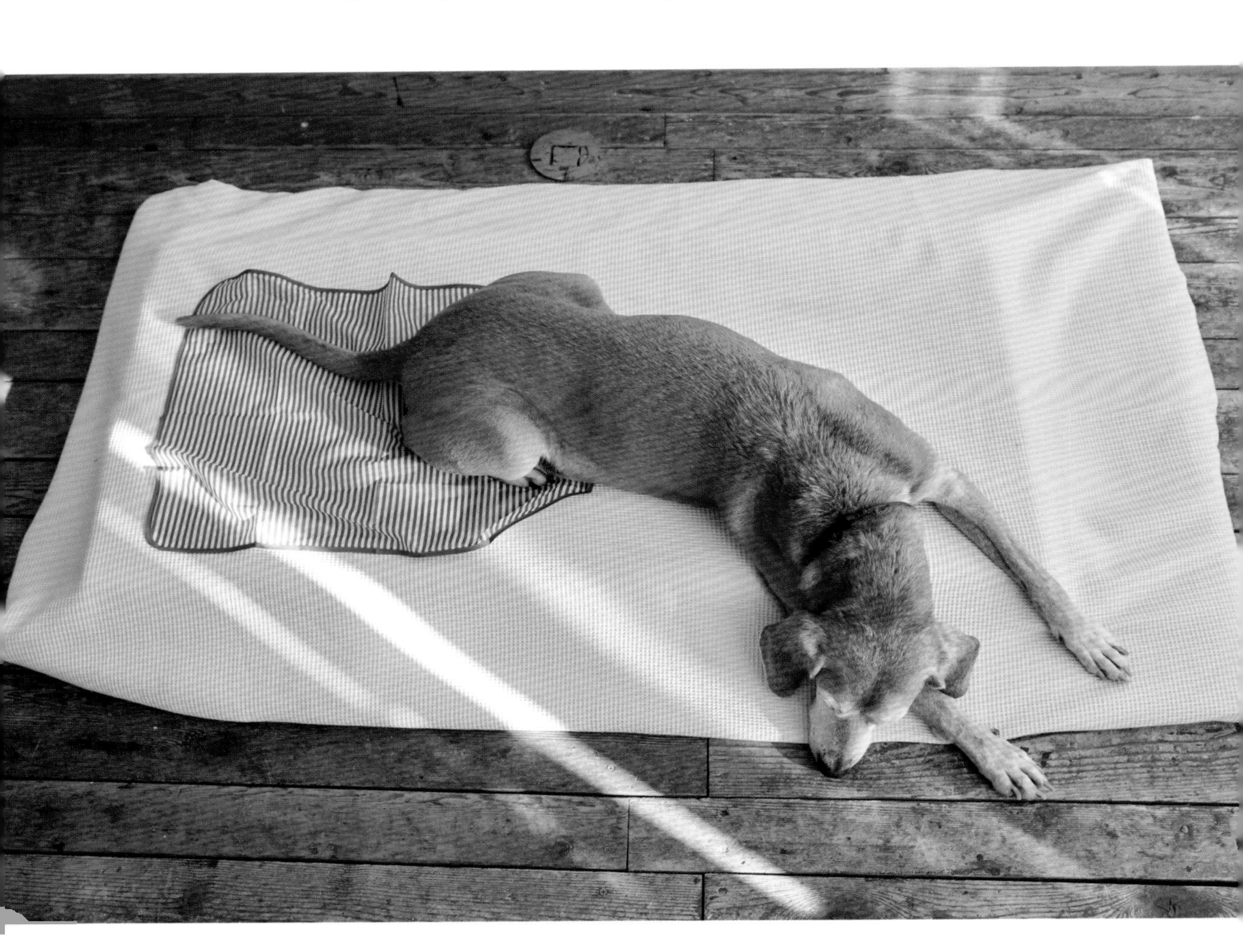

ベッドの位置やメンテナンス性も考慮しよう

年を取るにつれて寝ている時間が長くなり、特に介護期になると一日の大半をベッドで過ごすことになります。しかし、1つで完璧な老犬用ベッドはなく、季節や体調などによって調整が必要なため、さまざまな素材を足し引きする方法がおすすめ。中型犬までのサイズなら、飼い主が腰をかがめずに済むベビーベッドをレンタルする方法もあります。また、ベッドの置き場所は風通しがよく、強すぎない日差しが当たり、家族が近くにいて介護しやすい場所を選びましょう。

用意するもの

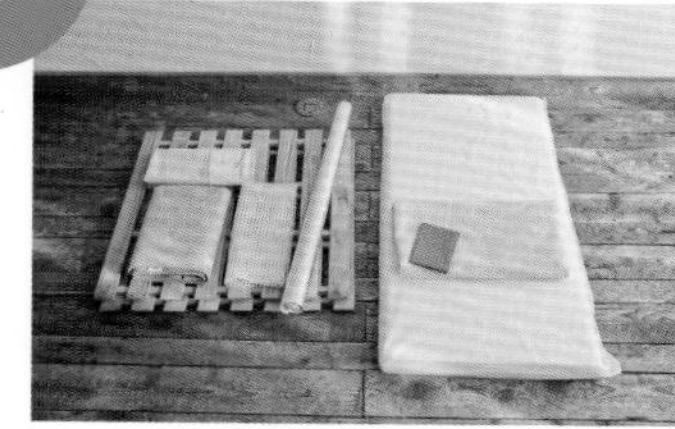

- すのこ ・断熱シート
- 除湿シート ・マットレス
- 防水シート ・シーツ
- おむつ替え携帯シート

など

季節や体調に合わせて足し引きを

高価な老犬介護用ベッドを買わなくても、身近な素材を重ねて調整することで、十分に快適でメンテナンスしやすいベッドを作れます。

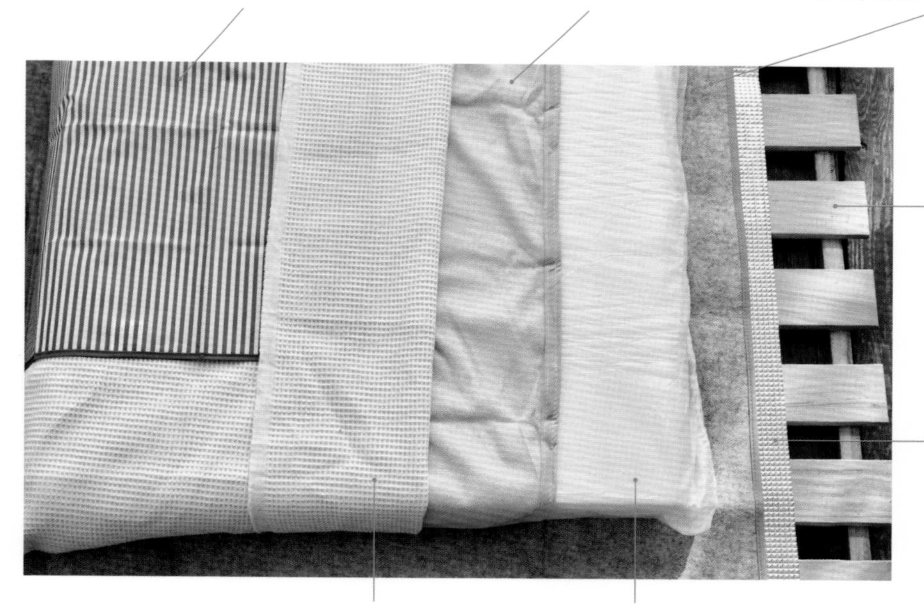

おむつ替え携帯シート

排泄物でシーツが頻繁に汚れる場合は、おしりのところに赤ちゃん用のおむつ替え携帯シートを敷く

防水シート

排泄物でマットレスを汚さないように、小型犬には赤ちゃん用、中型犬以上には老人介護用の防水シートを

除湿シート

梅雨時期は、ホームセンターなどに売っている寝具用の除湿シートを敷き込むと、蒸れを防げる

すのこ

梅雨時期や夏のエアコンを使う時期には、いちばん下にすのこを敷いて通気性をよくする

断熱シート

冬の冷えが気になる時期には、いちばん下に断熱シートを敷き込んで、床からの底冷えを防ぐ

シーツ

マットレス

one more

高反発or低反発、どちらのマットを選ぶ?

高反発のマットレスは、体が沈み込みすぎないため寝返りをうちやすく、筋力の低下などで体の自由がききづらい犬におすすめ。低反発は、柔らかくベッドに包まれる形になり保温性が高くなるが、蒸れやすく床ずれはできやすい

	保温性	通気性	柔らかさ	フィット感	寝返りの打ちやすさ	洗濯可能
高反発	△	◎	△	○	◎	○
低反発	○	×	◎	◎	×	×

寝る時間の長い子に用意したい

床ずれ防止クッション

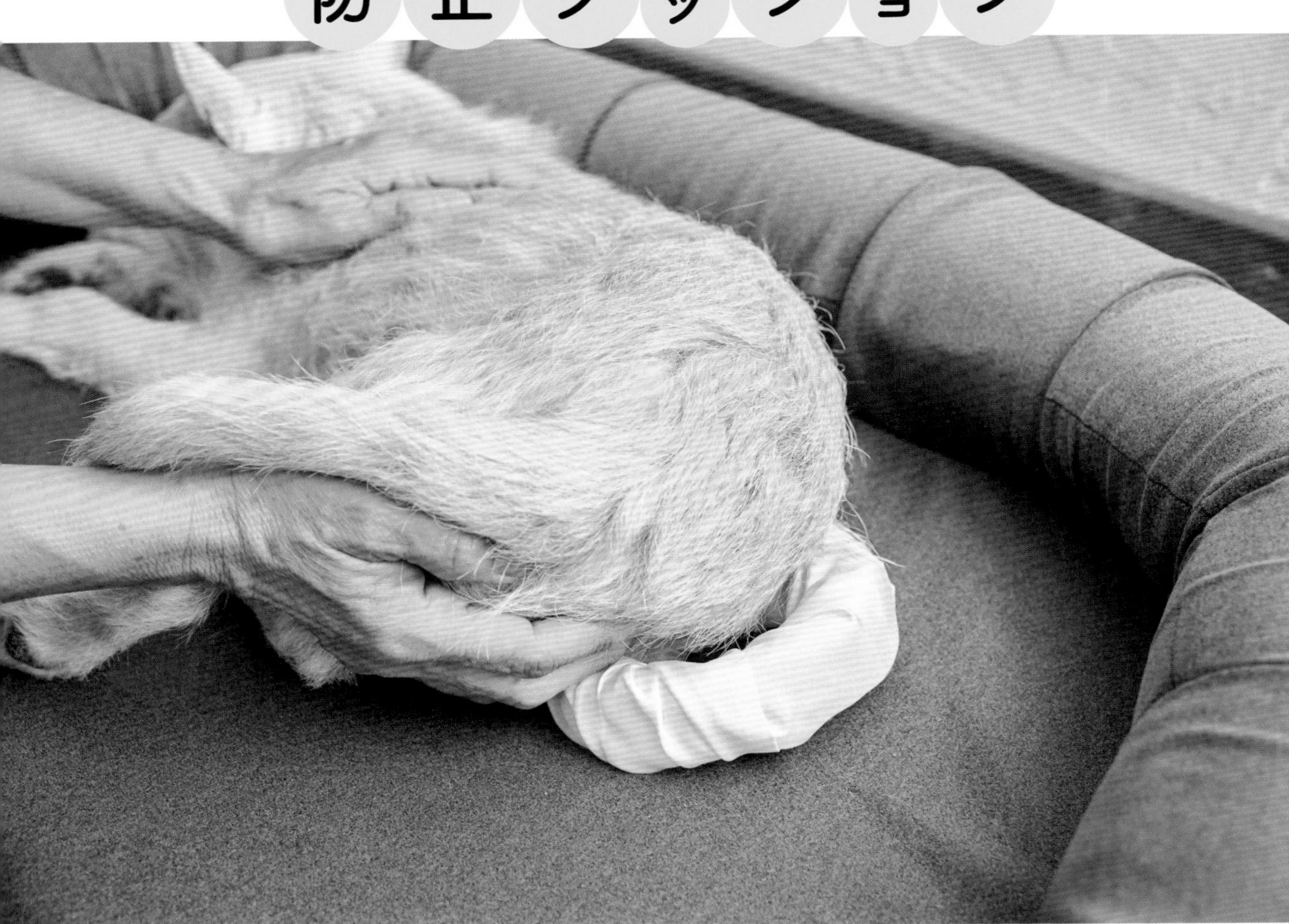

床ずれの主な原因は血流不足と蒸れ

寝たきりになると、こまめに寝返りをさせていても、床ずれができることがあります。床ずれの原因の1つは、寝床と接する部分に体重がかかり、圧迫されることによる血流不足。そうなると、皮膚の表面に酸素がいき渡らず、皮膚組織がただれたり、傷ついたりしてしまいます。また、通気性の悪さや濡れからくる蒸れも原因の1つ。ここで紹介するクッションを使って体重がかからないようにするほか、通気性をよくしたり、血流が滞らないようマッサージしたりして予防しましょう。

用意するもの

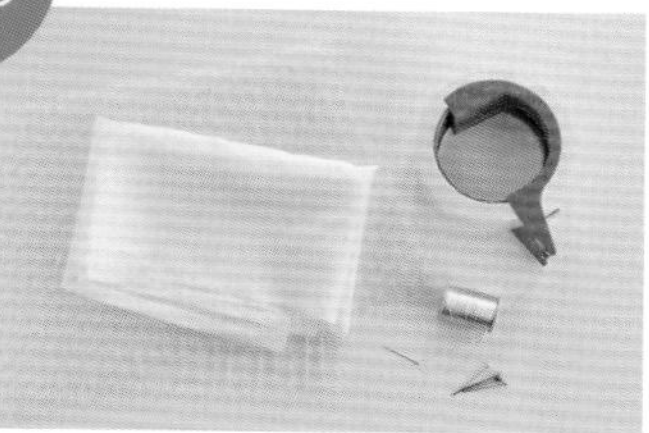

・気泡緩衝材
・シルクの布
・セロハンテープ
・手縫い針と糸
・まち針

作り方

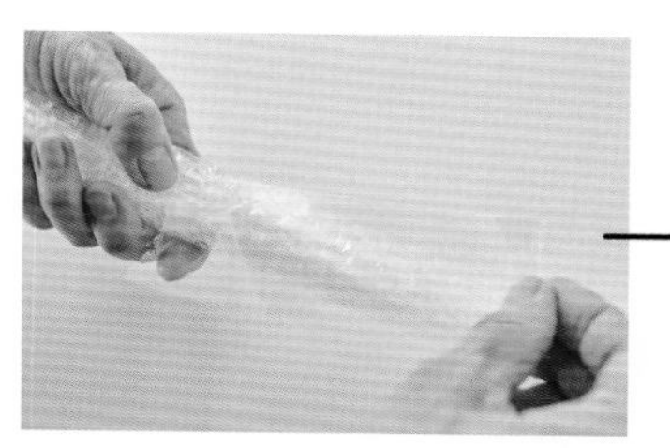

1 気泡緩衝材を適度な大きさに切って広げる。端からきつめに丸めていき、棒状にしてセロハンテープで留める

2 1を輪になるように丸めて、セロハンテープで留める

3 2にシルクの布を、全体を覆うように巻き付ける

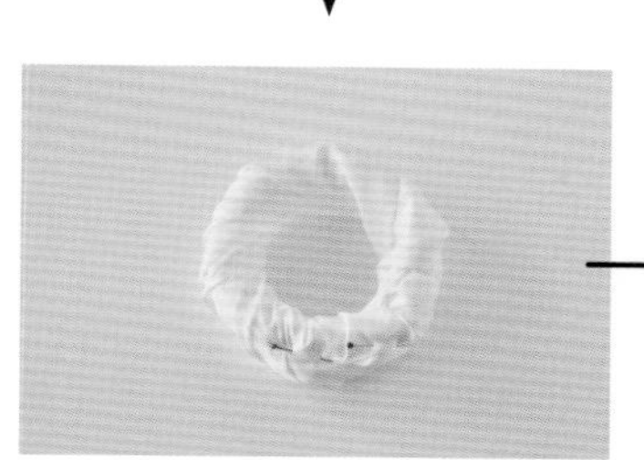

4 巻き終わったら、まち針で留めておく

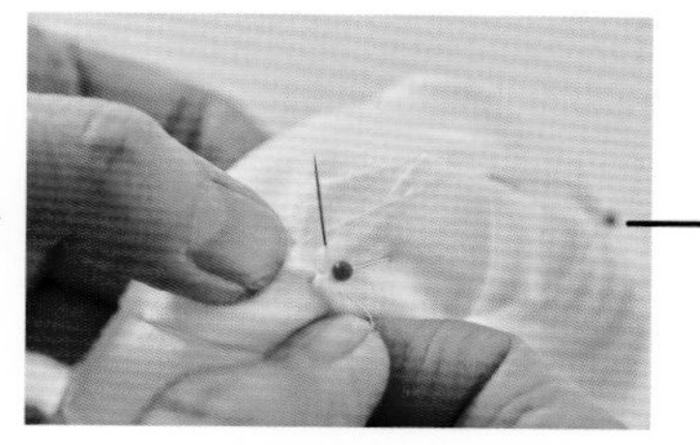

5 シルクの布の端をなみ縫いなどで縫い付ける

完成

one more idea

100円ショップで発見！床ずれ予防アイテム

100円ショップで売っている排水口ゴミ取りスポンジが、床ずれ予防にぴったり。真ん中をはずしてドーナツ状にし、2～3枚重ねたものに脚を通して、寝床と接触する関節が浮くようにセットする。頬や腰の下に敷いても使える

床ずれができやすいポイント

床ずれができやすいのは、骨が出ていて横になったとき寝床に直接当たる部分。①毛が薄くなったり、寝癖がついたままになったりする。②うっすら赤く炎症を起こし始める。③表面がぷよぷよと柔らかくなり始める。④炎症部分に傷口ができ、そこから液体が染み出してくる。⑤じゅくじゅくとした傷口が一気に広がる、という流れで悪化するので、早めに予防しよう

頬
肩
腰部
手根部
肘
足根部（かかと）

床ずれができてしまったら

床ずれができてしまってからは、いかに乾燥と蒸れを防ぐか、また傷口がベッドやガーゼにくっつかないようにするかがポイント。傷口を乾燥させると壊死が進行したり、痛みが強くなったりすると言われる。患部を湯で濡らすか、消炎クリーム（P108）を塗って、右で紹介するパッドにのせるか、テープ絆創膏で留めてケアを。1日2～3回は取り替えよう

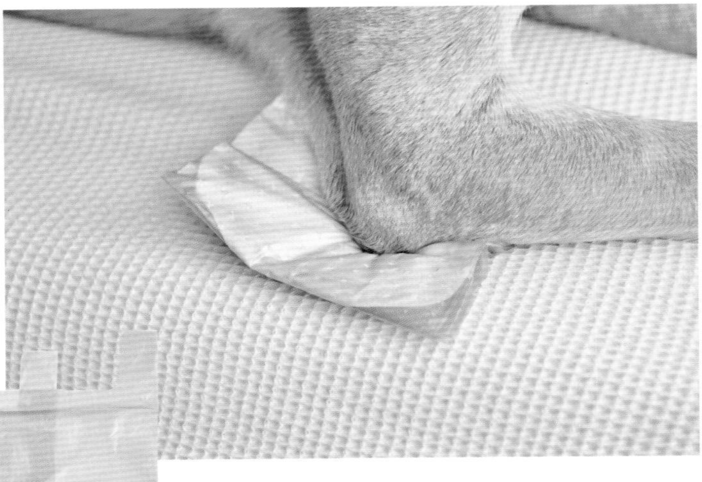

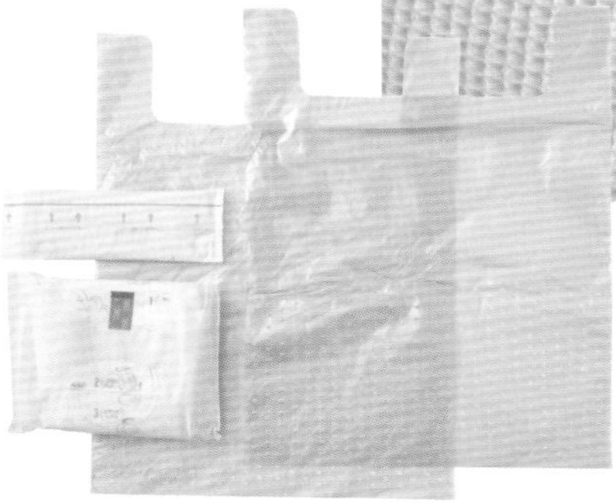

関節など狭い範囲には母乳パッド、脚全体や肩全体など広い範囲には生理用ナプキンを用意。三角コーナー用の穴空き水切りビニール袋に入れて、吸収帯側を患部に当てる

COLUMN

最晩年のリビング介護

ハイシニア期に入ると、昼夜関係なく介護が必要になり
愛犬のそばをひとときも離れられなくなる時期があります。
愛犬を寝かせている横に布団を敷きっぱなしにして
リビングで一緒に寝る生活「リビング介護」のリアルを知っておきましょう。

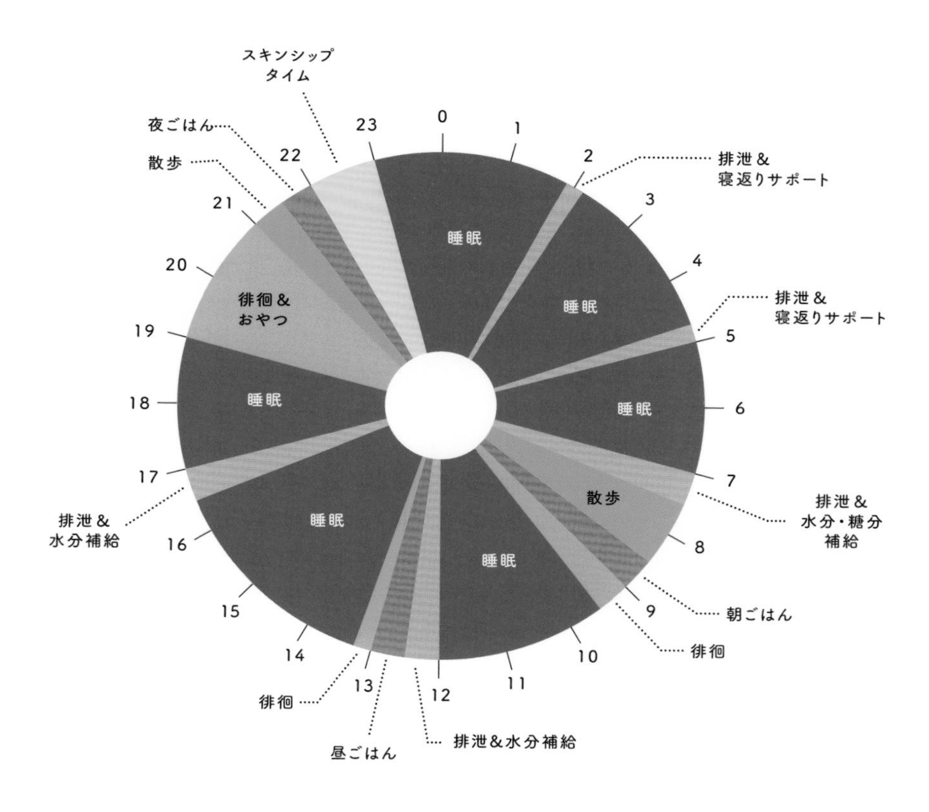

要介護期の1日の例

認知症気味になって昼夜逆転したり、常に飼い主を探したり、四六時中お腹が空いて叫び続けたり……。こうなると、24時間付きっきりの「リビング介護」が始まります。上のグラフは、著者が愛犬ナジャと過ごしたある1日のスケジュール。ほぼ見えず聞こえず、まっすぐには歩けず、食事と水は介助が必要。そんな状態でも、1日のリズムは何となくあります。愛犬のリズムを把握すると、予定が立てやすくなります。

ある程度動けて安全な空間を作る

徘徊防止サークル

100円ショップのものでできる八角形サークル

立ち上がれば歩けるけれど、家の中でフリーにしていると、家具などにぶつかりながらくるくる回ってしまう。そんな時期は、家事をしたり留守にしたりして目を離すときには、危険なのでフリーにしておけません。かといって、クレートに入れると狭い空間で無理に動いて、体を痛めてしまうこともあります。そこで、100円ショップのもので作れる、内部で多少自由に動けるサークルがあると便利です。同様の目的で、子ども用ビニールプールの中に入れるという方法もあります。

用意するもの

- 仕切りネット　8枚
- ヨガマット　4枚
- 結束バンド　適量
- ダブルクリップ　約9個

作り方

1 仕切りネットを縦長にして、8枚使って八角形になるように、結束バンドで上下と真ん中の3カ所を留める

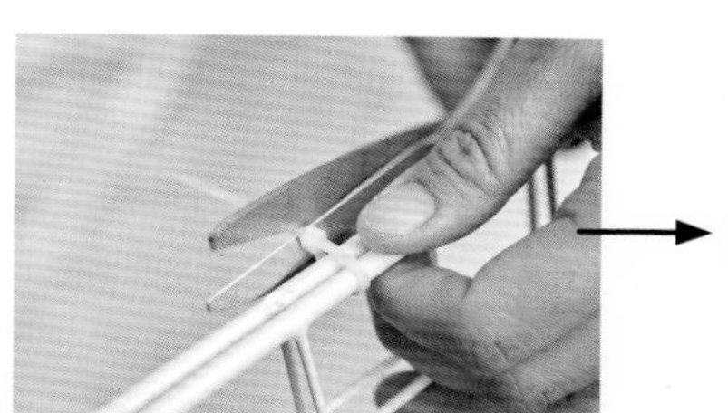

2 結束バンドの端の余った部分は、少し余裕を残してハサミで切る（仕切りネット専用の留め具があれば結束バンドは不要）

3 1カ所だけ結束バンドで留めず、ダブルクリップで仮留めして、扉にする

4 2枚のヨガマットを少し重なるように敷き、上に八角形サークルを置く。ヨガマットのはみ出す部分はサークルの3cm外で切る

5 サークルの内側の下部を覆うように、ヨガマットを横向きにダブルクリップで留める

one more idea

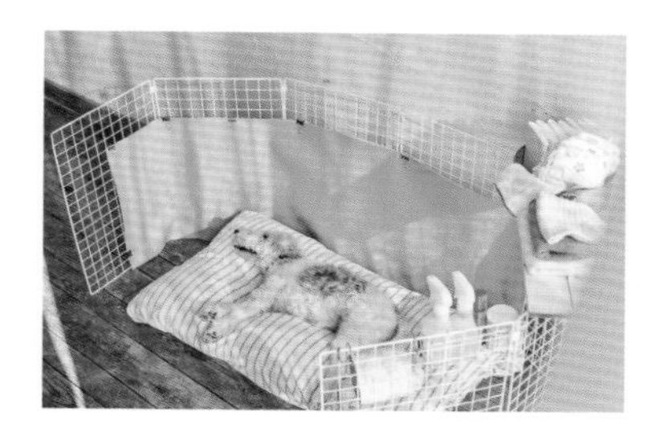

寝たきり期はC字形に

自力で立てないけれど、寝返りは打てるのでもぞもぞ動いてベッドから落ちてしまう。しかし、ベッドを完全に囲うとケアができない。そんな時期は、徘徊期に使用したアイテムを仕様変更して、サークルをC字形にしよう

必要なものは手の届くところに収納

小物の整理術

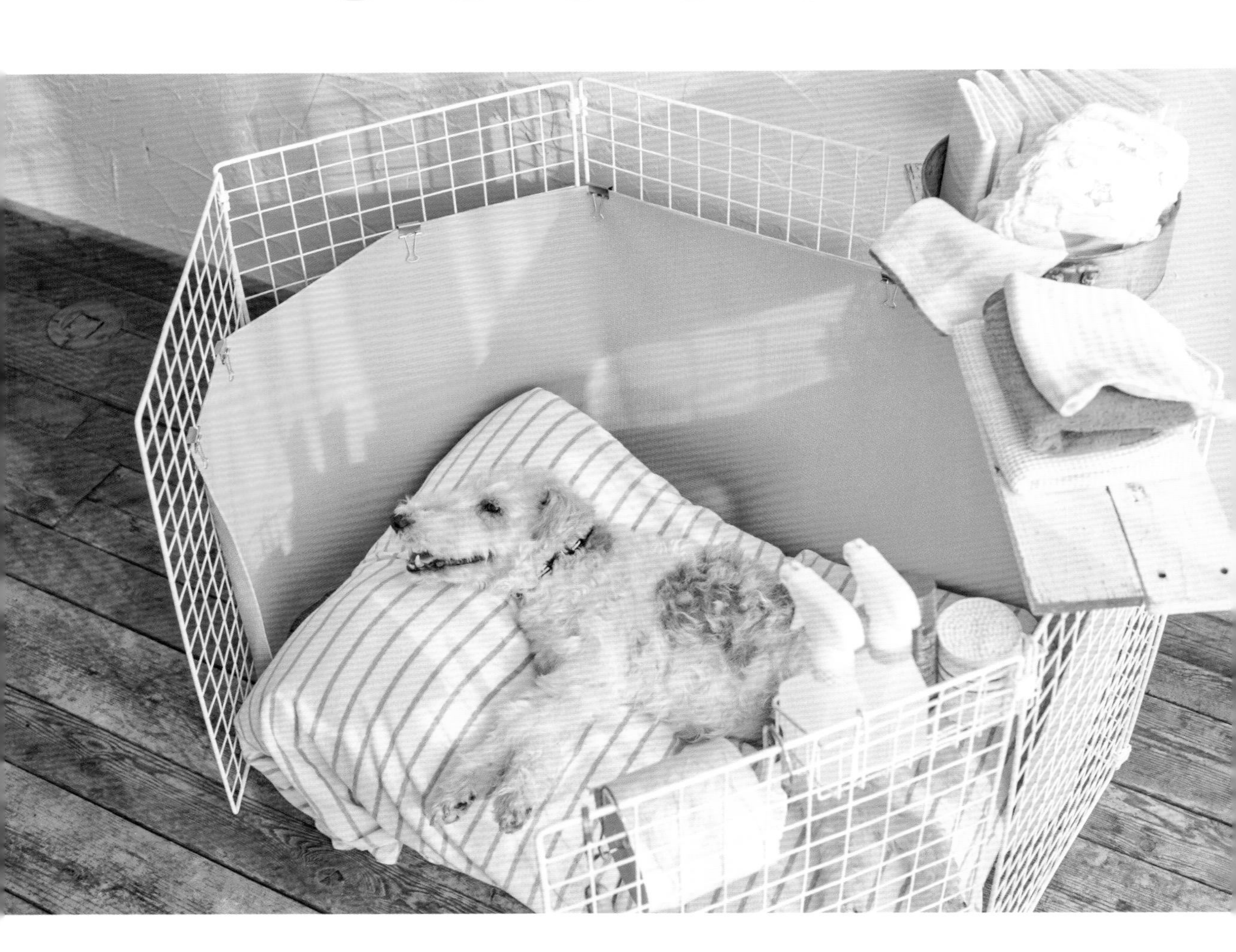

サークルに引っ掛ける収納をうまく活用しよう

老犬の介護をする場所はリビングになることが多く、必要なものを全部出しっぱなしにすると、雑然として気分が滅入ってきます。できるだけすっきりと、使いやすく整理して収納しましょう。トイレシートやおむつ、トイレットペーパー、タオル、ケア用品、掃除道具など、必要なものはすべて手の届くところに置くのが理想。仕切りネットのサークルには、小分けラックやS字フックを引っ掛けられるという利点があります。お気に入りのカゴなどを利用して快適空間を作ってください。

用意するもの

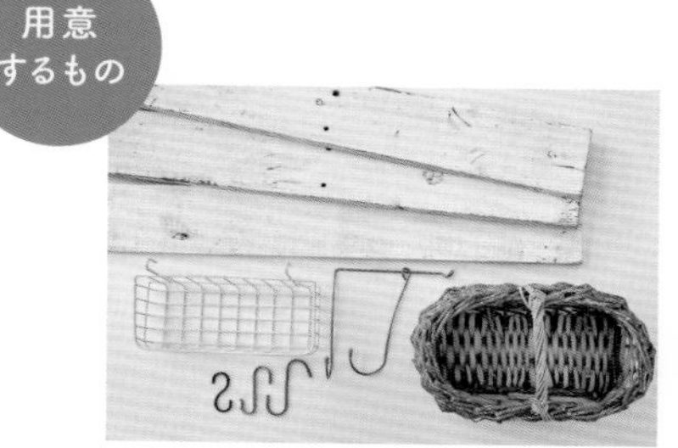

- トイレットペーパーホルダー
- S字フック
- 小分けラック
- カゴ
- 板 など

やり方

サークルの上に板を渡し、その上にトイレシートやタオルなどの軽いものを収納。ただし、犬が動き回る時期には使えない

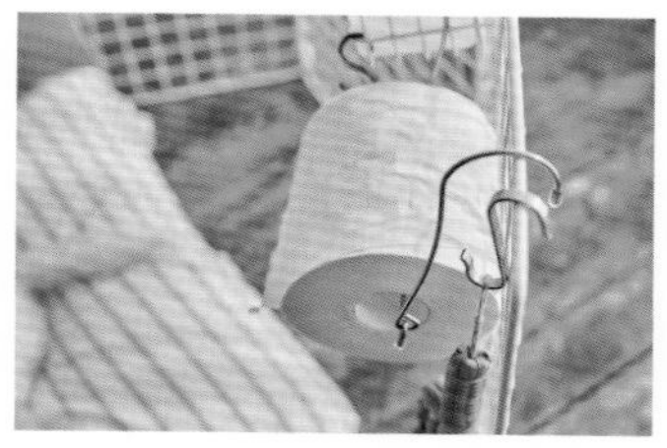

S字フックやトイレットペーパーホルダーを活用して、ほうきなどの引っ掛けられるものはサークルに掛けておくと便利

消臭スプレーや綿棒など、立てられるものはサークルに引っ掛けられる小分けラックに入れると取り出しやすい

寝たきり期の場合

C字形のサークルの内側に小物をセットしておくと、ケアが必要なときにさっと取れる。サークルにぶつかる子の場合は、上に渡す板は使えない

徘徊期の場合

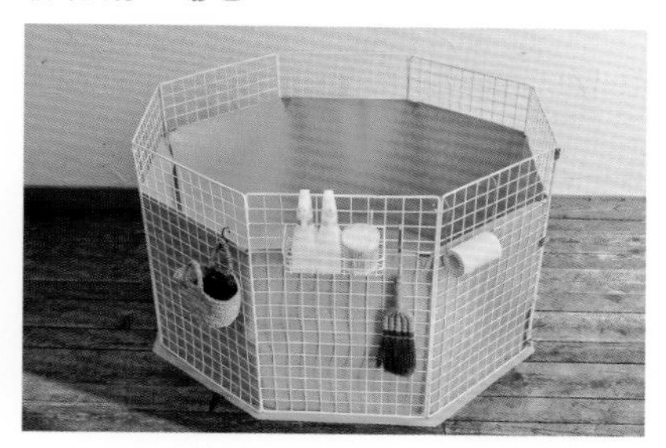

中で犬が激しく歩き回ったり動いたりする可能性があるので、犬から届かないように、八角形のサークルの外側に引っ掛ける

one more idea

タオルでベッドからの落下を防止

自力では立てないけれどもぞもぞと動けるときは、ベッドから落ちる可能性がある。バスタオルを丸めて100円ショップのゴムバンドなどで留めたものを、ベッドとサークルの間の三方向にはめておくと、ガードになって落ちにくい

自宅のすき間に合わせて作る すき間クッション

好みの色や柄の布を挟んでアレンジを

くるくると歩き回る時期には、ふと気がつくと家具と家具の間などの狭いすき間に挟まってしまっていることがあります。自力で後ろには下がれないためそのまま出ることができず、かわいそうなだけでなく、危険でもあります。ただ、自宅にあるあらゆるすき間を埋めるのに、ぴったりの市販のものを探すのは大変なので、段ボールと緩衝材ですき間クッションを作りましょう。緩衝材の中に好みの色や柄の布を挟めば、インテリアに合わせることもできます。

用意するもの

- 段ボール
- 気泡緩衝材　・定規
- カッターナイフ
- ハサミ
- ガムテープ

※あれば好みの布

作り方

1 埋めたいすき間の横幅を測る。高さは犬の頭より少し高いぐらいに設定する

2 段ボールを、横は1の横幅＋左右各5cm、縦は犬の頭より少し上の長さに切る。横幅の中央に、1の横幅の印を付ける

3 2で印を付けた位置にカッターナイフで軽く切り込み線を入れてから、コの字形に折り曲げる

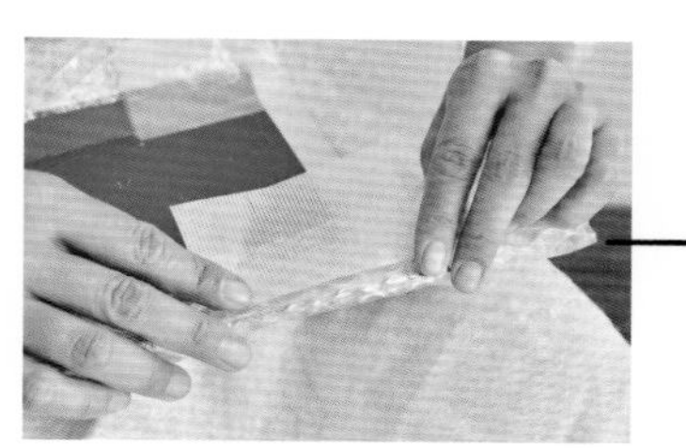

4 コの字形の外側を気泡緩衝材で包み、内側でガムテープで留める

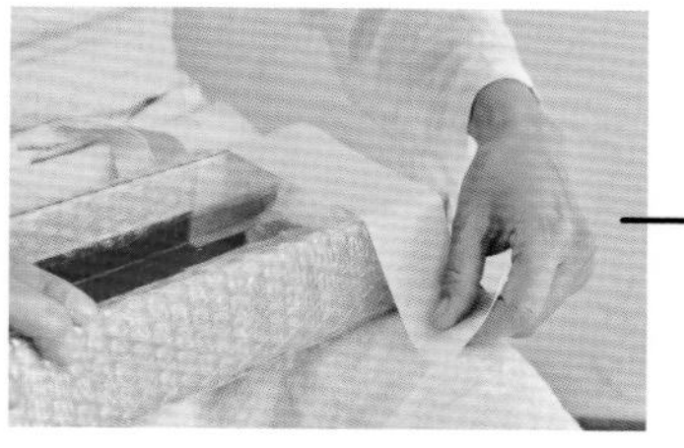

5 コの字形が崩れないように、ガムテープを渡して数カ所を固定する

完成

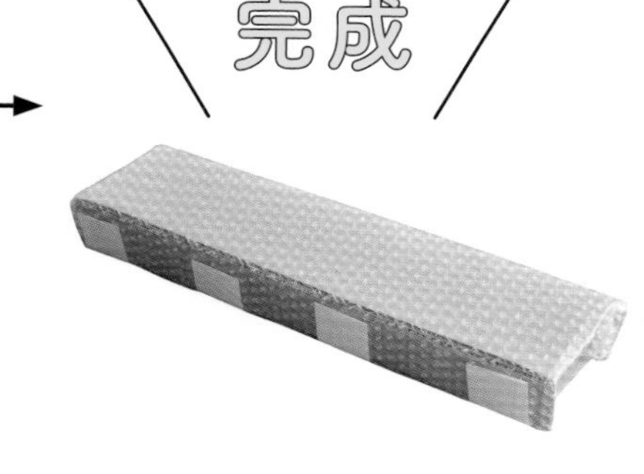

one more idea

脚カバーでぶつかり防止

くるくる歩き回る時期は、目もあまり見えていないことが多く、テーブルの脚などに勢いよくぶつかってしまうこともある。100円ショップにも売っているテーブルの脚カバーを使って、危険な箇所を覆っておこう

段ボールと人工芝で作る 簡易スロープ

市販のものを買う前に試してみて

筋力や視力が低下すると、段差やソファに上がれなくなったり、下りられなくなったりします。段差の上り下りをサポートするために、市販のものではクッションや木製、プラスチック製などのスロープや階段があります。しかし、微妙に高さが合わなかったり、大きくて邪魔だったり、買っても使ってくれなかったりすることも。そこで、段ボールで作れる簡易スロープを紹介します。濡れには弱いので屋外に置きっぱなしにはできませんが、室内や玄関内などでは問題なく使えます。

用意するもの

- 段ボール（白がおすすめ）160サイズ
- 強力な透明テープ
- 人工芝 450×700cm
- 強力両面テープ
- ハサミ、カッターナイフ
- 長めの定規

作り方

1 段ボールを底だけ組み立てる。箱の長いほうの側面に、設置したい段差の高さ（A）と、低いほうは1cmの高さ（B）に印を付ける

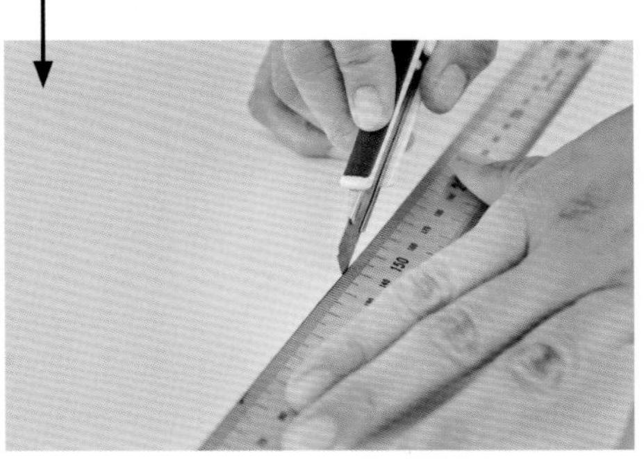

2 AからBを結ぶ直線を引き、対面（A'からB'）と、AからA'、BからB'にも直線を引く。カッターナイフで軽く切り込み線を入れる

3 段ボールのふたからAまで、Bまで、A'まで、B'までの4カ所を、それぞれカッターナイフで切る

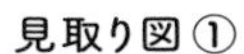

見取り図①

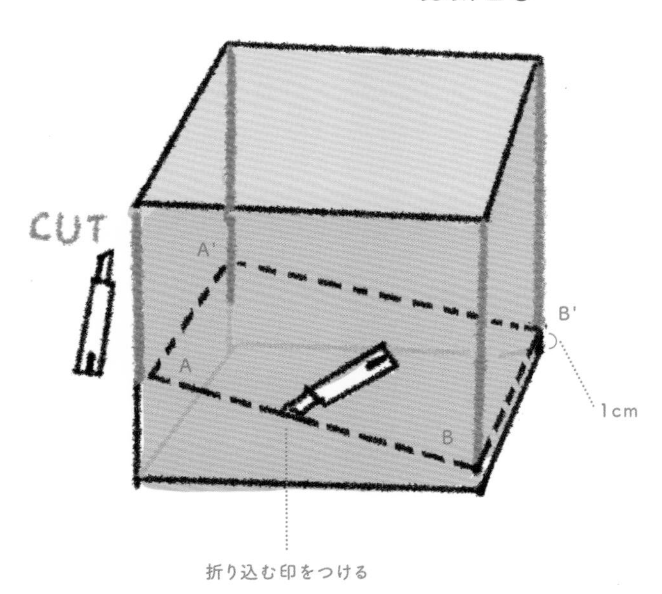

次のページへ

見取り図②

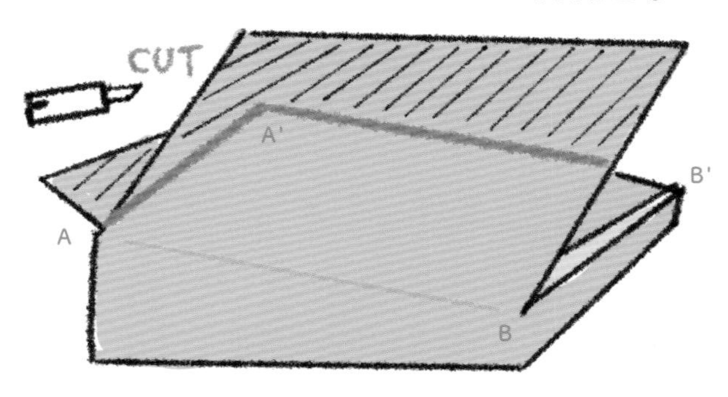

2で入れた切り込み線に沿って、内側に折り込む。A-BとA'-B'で折り込んで箱からはみ出る部分は、カッターナイフで切り落とす

5

A-A'側のはみ出した部分は、箱を上下逆さにしてカッターナイフで切り落とすとやりやすい

B-B'で折り込むと、A-A'側に少しはみ出すが、ここは切り落とさず、折り込むための切り込み線を付ける

7

6の切り込み線で折り込み、透明テープで留めれば斜面の形になる。このとき、大型犬の場合は中にレンガなどを入れて補強する

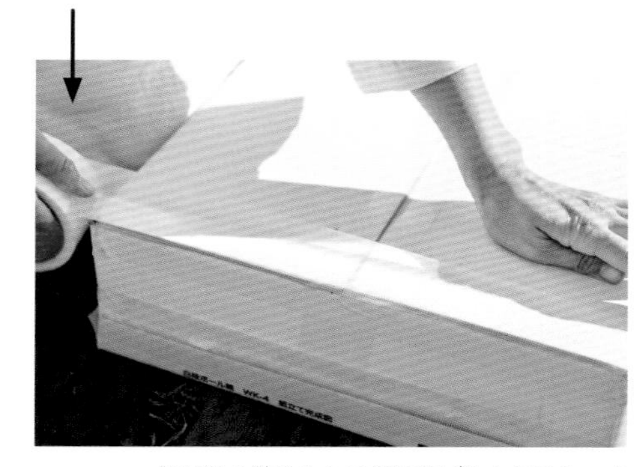

切り込み線を入れて折り曲げたところは、すべて透明テープで留める

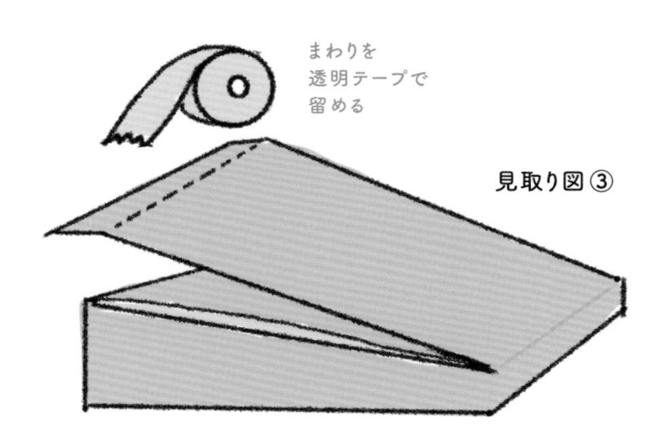

9 人工芝を傾斜面A-B-B'-A'の大きさに合わせてハサミで切る

10 傾斜面に強力両面テープを貼る。四辺と、中央にクロスするように貼るとずれにくい

11 傾斜面に人工芝を両面テープで貼り付ける

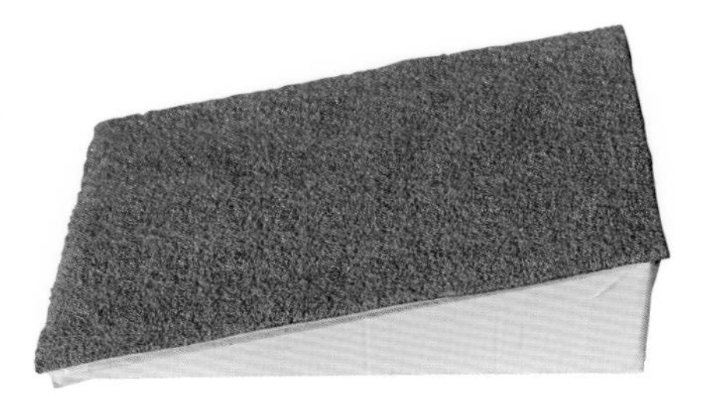

one more idea

滑る床対策にヨガマットを活用

脚の筋力が落ちたり、関節に不具合が出てきたりすると、滑りやすい床で踏ん張りがきかず、脚に負担がかかることも。対策としては、100円ショップにもあるヨガマットを敷くだけ。ずれる場合はその下に滑り止めを置くとよい

食品で作る安心な掃除アイテム

2種類の消臭スプレー

クエン酸はオシッコ、重曹はウンチなどの脂系の汚れに

愛犬の肌に触れたり、舐めたりすることのある消臭スプレーは、できるだけ安全なものを使いたいもの。特に介護期に入ると、オシッコやウンチの漏れや食べこぼし、よだれなど、消臭スプレーの使用回数がぐっと増えます。ここで紹介するクエン酸と重曹の2種類の消臭スプレーは、いずれも食用を材料としており、安価で簡単に作れます。クエン酸はオシッコ、重曹はウンチや食べこぼしなど脂系の汚れに有効。両方用意して使い分けると、ニオイの緩和になります。

用意するもの

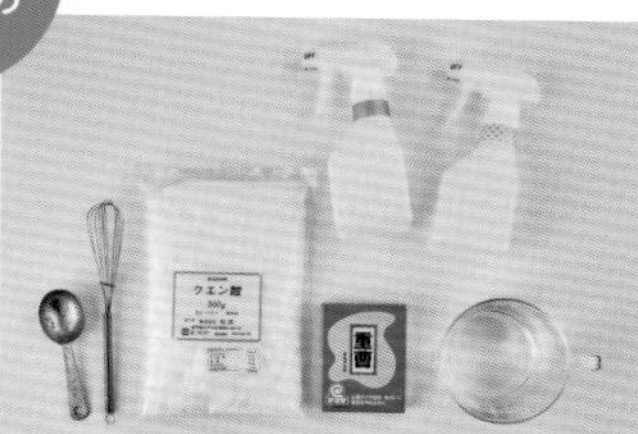

- クエン酸（食用がおすすめ）大さじ1/2
- 重曹（食用がおすすめ）大さじ1/2
- 計量カップ
- スプレーボトル　2つ
- 混ぜ棒
- 水またはぬるま湯　各250mL

作り方

1 計量カップに250mLの水またはぬるま湯を入れ、クエン酸または重曹を加える。大型犬や使用頻度が高い場合は、2倍の量で作る

2 混ぜ棒で混ぜる。特に重曹は溶けにくいため、ぬるま湯を使ってよく混ぜるのがおすすめ

3 スプレーボトルに移す。2種類作る場合は、ボトルに印を付けておく。保存料を使用していないため約2週間を目安に使いきる

完成

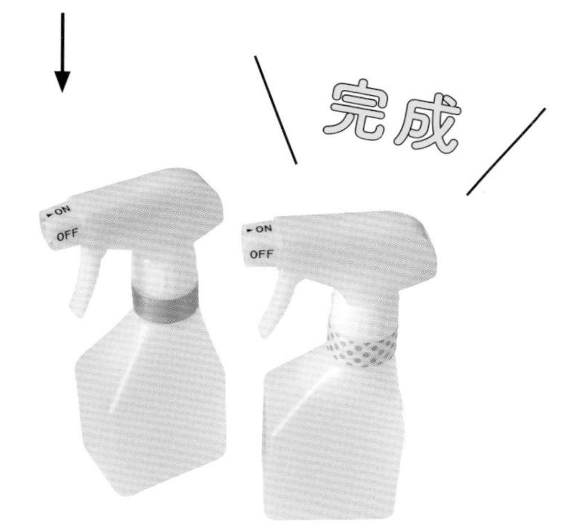

one more

炭でニオイを緩和

炭には多孔質と呼ばれる無数の小さな穴が空いており、ニオイ成分を吸着して消臭してくれる。犬の居場所に常に炭を置いておくことで、ニオイを緩和できる。P071のS字フックを使って、カゴに入れてサークルに掛けておこう

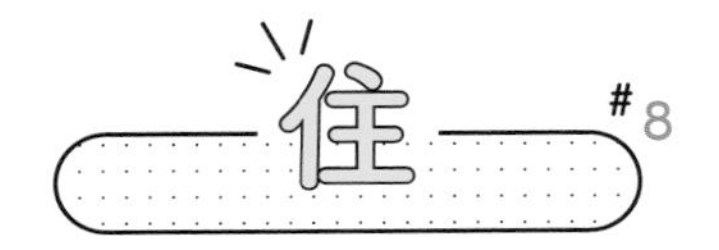

重曹とスポンジが活躍

犬の居場所の掃除

道具を近くに置いてこまめに掃除を

犬の居場所の周辺には、抜け毛やほこり、よだれ、排泄物など、さまざまな汚れがたまりやすいです。特に寝たきり期になると、犬のベッド周辺の掃除が滞りがち。近くに小さなちりとりセットを置いておき、気になったときにこまめに掃除しましょう。ニオイが気になるときは、重曹をまいてから掃除するとスッキリします。また、生地に付いた抜け毛掃除には、ポリウレタンのスポンジがおすすめ。犬が寝ている横でも静かに掃除ができて、細かいところまで届くので便利です。

用意するもの

・重曹
・小さなほうきとちりとり
・風呂掃除用スポンジ（ポリウレタン製）

やり方

1 ニオイやベタベタ感がある場合は、ほんの少し重曹をまく。細かめのザルを使って振ると、固まりすぎず散らせる

2 ほうきを使って、ほこりと一緒に重曹をかき集める。カーペットや広範囲の掃除のときは、重曹をまいて掃除機で吸い込むとよい

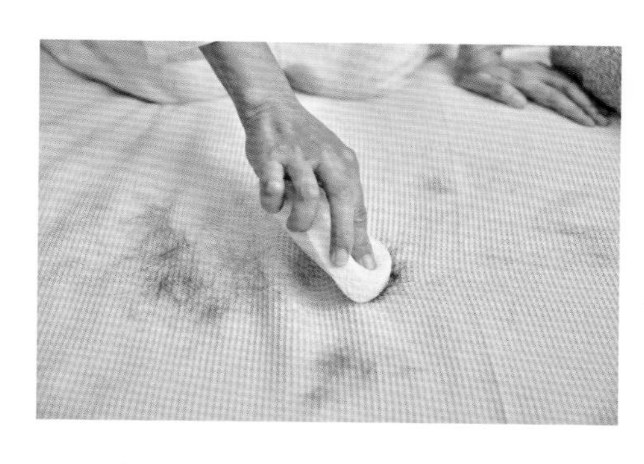

3 ベッドやシーツなど生地に付いた抜け毛は、風呂掃除用のポリウレタンのスポンジを使うと、簡単にかき集められる

置くだけで除菌・消臭できる

ウイルス・雑菌を除菌し、その二次効果によって消臭・防カビ効果を発揮。快適空間を保持してくれる。ただし、高効率のガスを放出するため、成分臭を感じたら換気し、気になる場合は使用をやめよう

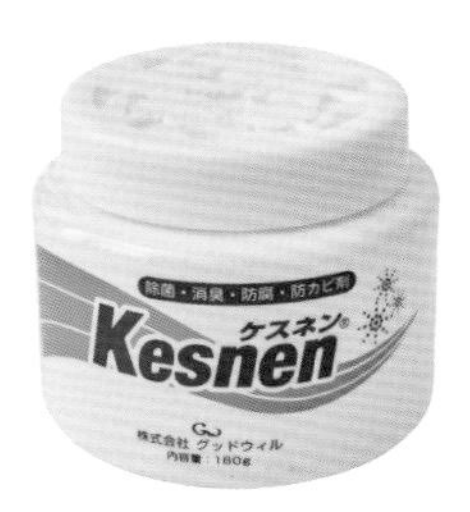

ケスネン
50g／100g／180g

外っぽい足の感触で練習を

室内トイレに挑戦

排泄のために何回も外に連れていくのは大変

犬にとって外で排泄するのは気持ちいいことですが、老犬になったときに外でしかしないとなると問題になります。特に高齢になると頻尿になり、我慢もできなくなってくるので、愛犬がトイレに行きたくなるたびに外に連れていくのは大変です。かといって、外でしかしなくなった犬に、再び室内で排泄させるのは、かなりハードルが高いことです。そこで、まずは外と誤認識しやすい環境を作ることで、解決できる場合もあります。安価な素材でできるので、一度試してみては？

用意するもの

- プラスチック製の人工芝
- トイレシート
- 防水シート
（なくてもOK）

やり方

ベランダや洗面所、浴室など排泄させたい場所にトイレシートを敷き、その上にプラスチックの人工芝を乗せる。まわりが汚れるのを防ぎたいなら、下に防水シートを敷いてもOK

one more idea

尿漏れ防止が期待できる食材

老化によるおもらしはよくあること。原因はいくつかあり、1つは尿を貯めておく膀胱の筋肉と、尿の出口の蛇口のような尿道括約筋が衰えるからだと考えられる。衰えた筋肉をもとに戻すのはかなり難しいことで、食べ物でできることは気休め程度かもしれないが、尿漏れ防止の効果が期待される食材を以下に紹介する

フィト・エストロゲン

エストロゲンが不足すると尿道括約筋の機能不全が起こると言われる。大豆製品やアルファルファなどで、植物性のエストロゲン、フィト・エストロゲンを取り入れてみて

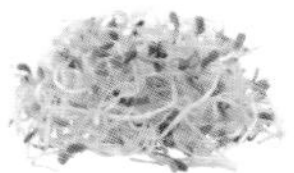

メチオニン

尿漏れが生じるときには、体がアルカリ性に傾いていると言われる。鶏肉や牛肉、魚、大豆製品、トウモロコシなど、メチオニンを含む酸性の食材を取り入れて

がんばりすぎていない?

「自分の思い通りにできていない」と感じていませんか?
「自分のせいで愛犬がかわいそう」なんて、思っていませんか?
　がんばりやさんや責任感が強い人ほど、自分を追い込んでしまいがち。ともすると、ありもしない「100%の介護」を目指して、思い通りにいかないことで自分を責めてしまったり、孤独になったり、「なぜうちの犬だけ」なんて卑屈になってしまったり……、苦しいですね。
　そもそも、できなくて当たり前なんです。老犬に必要なケアはみんな同じではないうえに、刻々と必要なケアが変わっていきます。先代犬の介護の経験ですら、活かせることと活かせないことがあります。友人の犬にはうまくいってることも、うちの犬にはうまくいかないなんてこと、当たり前にあります。
　初めから完璧を目指さない。完璧なんてない！
　できないこと、うまくいかないことがあったら、まずは笑い飛ばして「やだぁ～全然ダメじゃ～ん」と自分に突っ込んでみてください。そして、話せる家族や友人に、うまくいかないことを笑い話のように報告できたら、介護上級者です。
　うまくいかないことややりきれないことで鬱々としているときは、専門家に相談したり聞いてもらったりするのも、1つの手です。最近は、老犬介護の専門家や老犬専門の獣医師も増えています。近所になくても、今やオンラインなどで気軽に話を聞いてくれるサービス(*)もあります。誰かに頼ることはとても大切です。
　何でも自分1人で何とかしないと、と思ってしまう。誰かに相談しても仕方ない。家族は協力してくれない。不安すぎて悲しい気持ちになってしまう。そんな方は、思い切って頼ってみてください。
　介護には、絶対に終わりがあります。
　もちろん簡単なことではないけれど、「もう～」のため息より「やだぁ～」の微笑み多めで、愛犬との濃い時間を楽しんでくださいね。

*例えば『ペットケアステーション大阪』など。
https://petcare-station.com/remote-counseling-1coin/

遊 for play

歩行補助の仕方や遊び方など
老犬の健康にもかかわる遊びのこと

何歳になっても、犬にとって遊び、
特に飼い主との遊びは大事なもの。
若いころのようにアクティブには遊べないけれど
意識的に歩いたり、太陽光を浴びたりすることはとても大切です。
散歩前後のケアや歩行サポートの仕方、老犬との遊び方など
老犬の遊びにまつわる多様なアイデアを紹介します。

所要時間
10分

抗菌・消炎作用のある お茶で全身スッキリ

散歩から帰ってきたら、犬の足を洗ったり、ウェットティッシュや濡れタオルで拭いたりしている人が多いでしょう。濡れタオルで足の汚れを拭き取るだけでも十分ですが、もうひと手間かけて、薄めのお茶に浸したタオルで拭くことを提案します。おすすめはクロモジのお茶。クロモジは日本原産のアロマと呼ばれ、全国に広く生息している香木で、高級つまようじの原料として知られています。抗菌や消炎、防虫の作用があるとされ、クロモジ茶を使うことでよりスッキリと散歩を終えられます。

遊 #1

お茶で拭いて抗菌＆リフレッシュ

散歩後の足拭き

用意するもの

- クロモジ茶　約大さじ1
- ティーパック
- 洗面器
- 約60℃のぬるま湯
- ハンドタオル

老犬におすすめのクロモジ茶

クロモジには抗菌や消炎、防虫の作用があり、保湿作用が高いと言われる。爽やかな香りが高く、リラックス効果、安眠作用、リフレッシュ効果も期待できる

やり方

1 ティーパックにクロモジ茶の茶葉を入れる。飼い主が飲んだ後の出がらしでも十分

2 散歩に出かける前に、洗面器にタオルとクロモジ茶入りのティーパックを入れ、湯を注ぐ

3 2を玄関に置いておき、散歩に出かける。10分以上出かけている間に、お茶が出て、湯が少し冷める

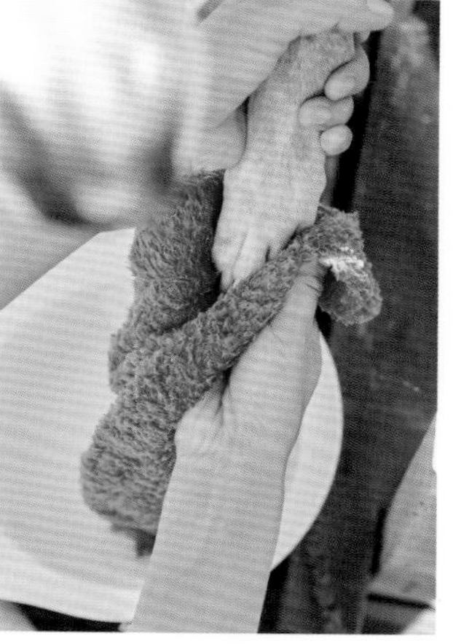

4 洗面器の中で蒸らされたクロモジ茶に浸ったタオルを取り出し、よく絞って、犬の足を拭く

5 お腹や胸、背中など体全体を軽く拭くと、除菌しつつさっぱりと汚れを落としてあげられる

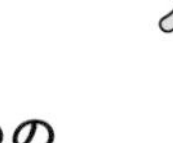

夏の散歩前の習慣に

虫除けスプレー

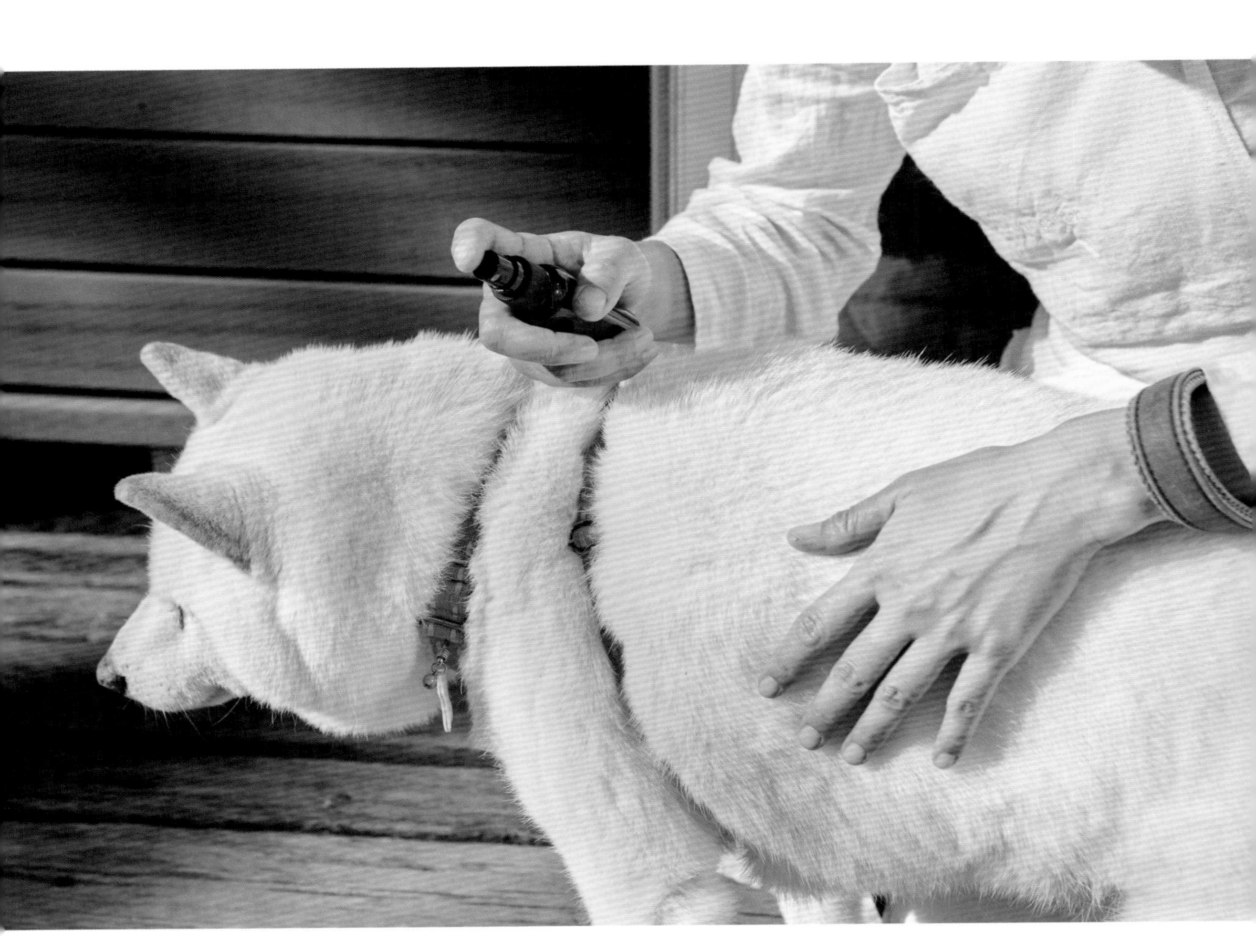

ハッカのスプレーで消臭・抗菌&虫除け

老犬になっても、毎日散歩したり、公園や山に出かけたり、庭やテラスでひなたぼっこしたりと、新鮮な空気は吸いたいもの。蚊が飛ぶ季節や、ノミ・ダニが心配な場所では、体に優しい虫除けでケアしましょう。今回使用するハッカ油は、消臭・抗菌効果でよく知られています。さらに、害虫はハッカの香りが苦手なので、虫除けの効果も期待できます。直接体に付けても安心なのも嬉しいポイント。散歩前に体に直接スプレーし、手でよく伸ばしてあげてから出かけましょう。

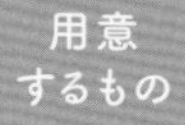

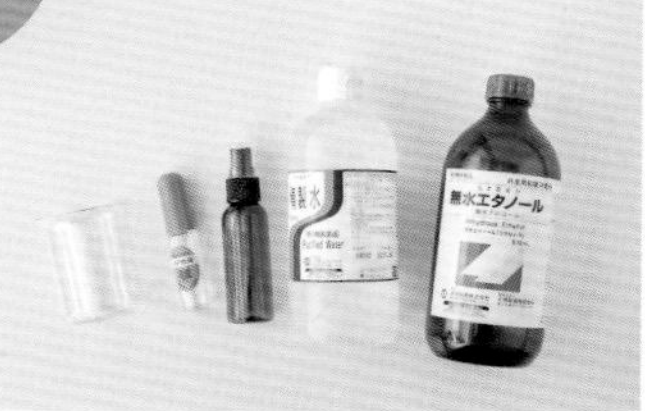

- 無水エタノール　5mL
- 精製水　45mL
- ハッカ油　5滴程度
- 計量カップ
- 遮光のスプレーボトル
  （100円ショップでも購入可能）

作り方

1 計量カップに無水エタノールと精製水を量りながら入れる

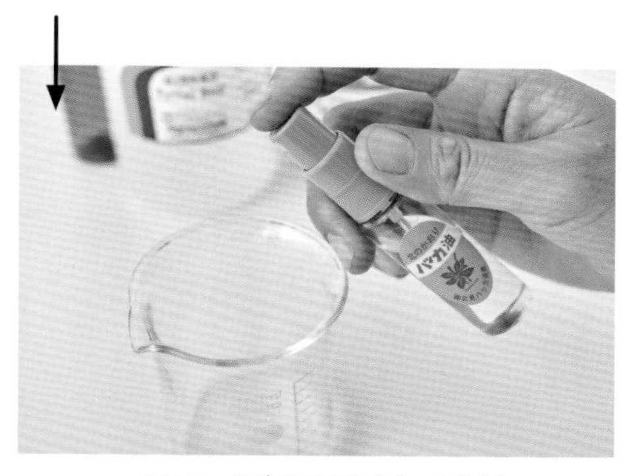

2 1にハッカ油を5滴垂らし、混ぜる

3 2を遮光のスプレーボトルに入れてよく振る。保存料などを使っていないため、2週間程度で使い切る

完成

シニアの犬にノミ・ダニ予防薬を使っていい？

ノミ・ダニやフィラリアの予防薬には、個体差はあるが、多少の副作用が懸念される。特にノミ・ダニ予防薬は、高齢の犬や衰弱している犬には注意が必要。獣医師と相談して予防薬が使えない場合は、アロマで虫除けするのも手だ

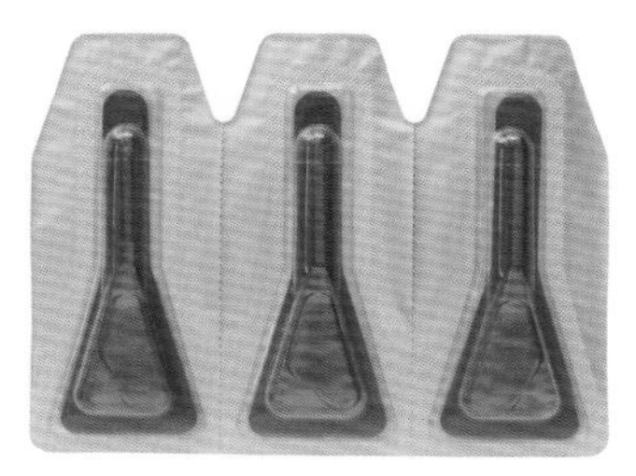

制作時間
10分

支えたい箇所に合わせて調整可能

歩行サポート

うまく支えて、できるだけ自分の脚で散歩を

少々足腰が弱っても、できる限り自分の脚で歩かせてあげたいものです。そんなときに便利なのが、歩くときにボディを支える歩行補助ハーネス。前脚中心、後ろ脚中心、体全体を支えるものなど、いろいろなタイプが市販されていますが、老犬の体調は移り変わりやすく、購入を迷うこともあるでしょう。そこで、長めのタオルに取っ手を付けて何枚か用意しておくと、臨機応変に対応できます。タオルなので柔らかく、汚れたら拭くこともできますし、洗濯も簡単です。

用意するもの

・120cm以上の
　薄手の長タオル
・リボンテープ
　幅2.5cm×35cm 2本
・手縫い針と糸、まち針

作り方

1 タオルの短いほうの端を、左右それぞれ真ん中に向かって三つ折りする。折りたたんだ下にリボンテープを約4cm入れ込む

2 1をまち針で留め、タオルの耳の下の位置でなみ縫いをして、リボンテープを縫い付ける

3 取っ手になるように、タオルの左右それぞれと、反対端も同じようにリボンテープを縫い付ける

完成

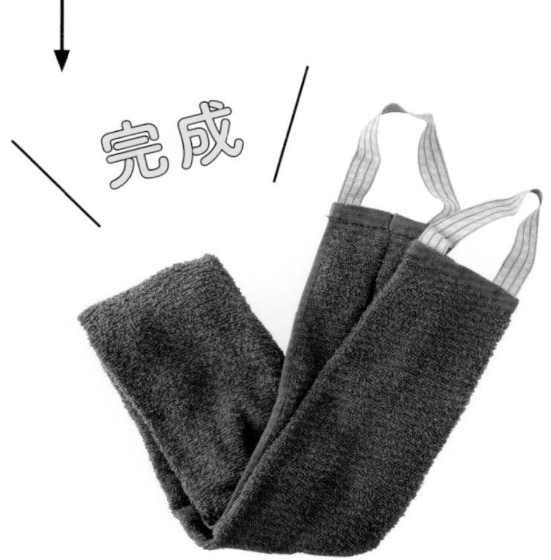

one more idea

状態によって使い方いろいろ

胴全体を持ち上げるときはタオルを広げて使うほか、腰を持ち上げたいときは、写真左のようにタオルの幅を狭くして後ろ脚寄りに。胸や頭を持ち上げたいときは、写真右のようにタオルを胸から前脚にかける方法もある

トートバッグで超簡単に作れる

歩行サポート 簡易版

丈夫でメンテナンス性も高い

歩行サポートは、急に必要になるときもあります。ボディ全体を包み込むように持ち上げれば四肢を動かせるようなら、マチのある取っ手付きビニールトートバッグをアレンジした歩行サポートアイテムが、とても便利です。作り方が超簡単なうえ、防水で洗いやすく乾きやすくて丈夫。新品のパリパリのビニールバッグより、使い込んで柔らかくなったもののほうが、肌当たりが優しいです。使うときは、必要に応じて中にタオルやトイレシートを敷いてから、持ち上げましょう。

用意するもの

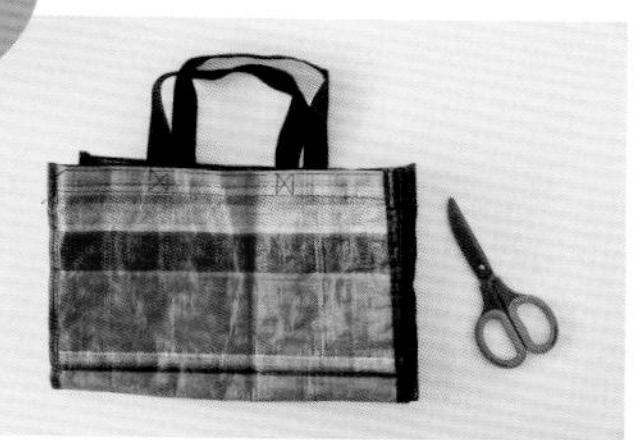

- 取っ手付き
  ビニールトートバッグ
  （犬のサイズに合うもの。
  使い込んだものが
  おすすめ）
- ハサミ

作り方

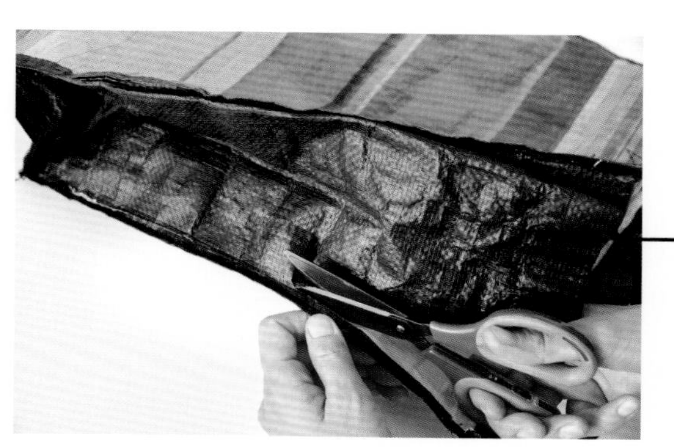

取っ手付きビニールバッグのマチ（側面）を、両側ともハサミで切り落とす。ビニールバッグの縫い目は切り落とさず残すようにして、その数ミリ脇を切る

完成

pick up

24時間着せっぱなしにできる

起き上がりや歩行の補助が必要になった老犬に、家の中でも着せたままにできる持ち手付きハーネス。裏側部分がクッション性、通気性に優れ、ムレにくいハニカム（立体編物）構造になっている。持ち手1カ所のタイプや、後ろ脚を通すひも付きの「着たままねんねのハニカムつなぎ」もある

アイアンバロン
着たままねんねのハニカム胴着

COLUMN

歩行サポートアイテム いつから必要？

愛犬の脚や体が悪くなってきても、できるだけ自力で立ったり歩いたりできるようサポートしてあげたい。そのための道具を用意するタイミングをまとめてみました。この通りにいかないことも多々ありますが、状態を見ながら早めにサポートアイテムを用意してあげましょう。

Step 1

胴を包み込むような柔らかい素材のハーネス

成犬期はどんな首輪でも自由に歩き走り回れたのが、老化が始まると、ちょっと支えてあげたくなる場面が出てくる。背中にハンドルの付いた安定感のあるハーネスを用意しよう。同時に、指や肉球の間を揉んだり広げたりして筋肉をほぐすマッセージをしてあげて

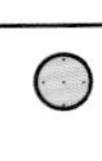

準備のサイン

- □寝起き時に体が硬くなっている
- □散歩に行きたがらない、歩くのが遅くなった
- □きれいなフセの姿勢ができない
- □たまに脚を引きずる
- □背中が丸くなった

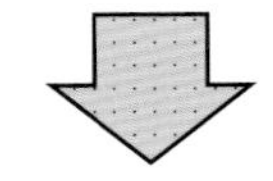

Step 2

体を持ち上げるタイプのハーネス＋カート

いよいよ自力で立ち上がるのが難しくなると、P090や092で紹介した歩行サポートや、お出かけ時のカートが必要になる。ただし、散歩は減らさず、意識的に土の上を歩かせたり陽を浴びさせたりさせよう。股関節まわりや首を優しく揉みほぐすマッサージも有効

準備のサイン

- □自力で立ち上がれないが、立たせれば歩ける
- □首や腰が下がっている
- □階段や段差を上がれない
- □食事や排泄のときに前脚に力が入らず滑る
- □よく転ぶ

Step 3

2輪の車椅子

自分の脚だけで歩くことが難しくなったからと散歩を諦めると、ガクンと老化が進んでしまう。後ろか前の脚がまだ使えて、2輪の車椅子があれば歩けるなら、車椅子を用意してあげたい。全身の筋肉をほぐすマッサージやプールなどでのリハビリもおすすめ

準備のサイン

□4本脚では歩けないが、前脚には力が入る
□腰が立たない
□後ろ脚を引きずる

Step 4

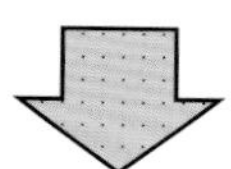

4輪の車椅子

自力で体を起こしておくことは難しくても、室内で定期的に体を起こして専用のクッションでフセの姿勢にしたり、車椅子に乗せて内臓が立っているときに近い状態にする時間を作ると、張り合いが出る。同時に、血行がよくなるマッサージやお灸などでケアを

準備のサイン

□自力で起き上がることができない
□起こしても歩くことができない
□首が持ち上がらない

pick up item

フルオーダーできる車椅子

自動車部品等の設計・製造に携わっていた代表が開発した車椅子。2輪や3輪、4輪など愛犬のサイズと状態に合わせたものをフルオーダーできる。サイズを測ってサイトから注文、または工房で採寸も可能（要予約）。レンタルもある

はな工房
https://hana-kobo.jp/

制作時間 60分

立ち上がれなくても遊べる ノーズワークマット

単調な毎日の刺激に嗅覚を使った遊びを

ノーズワークとは、広い意味では犬が嗅覚を使って行う作業全般のこと。ここでは、おやつなどのにおいを探し当てるゲームができるマットを作ります。犬の脳内では、嗅覚処理を人間の約40倍もの割合で行っていると言われます。犬が嗅覚を使うと脳をたくさん使うため、脳の活性化にもつながります。今回は、飼い主のにおいがたっぷり染み込んだ着古したTシャツを切って、網に結び付けるだけのシンプルなものを提案。地味な作業ですが、できあがると達成感があります。

用意するもの

- ステンレスの土ふるい
- 古着のTシャツ　約2枚
- ハサミ
- 箸

作り方

1 ハサミを使って、Tシャツを幅1.5cm×長さ12～15cmのテープ状に切る。幅や長さはそろっていなくてもOK

2 ステンレスの土ふるいの穴に1を通し、隣の穴からもう一度出す。箸などを使うと通しやすい

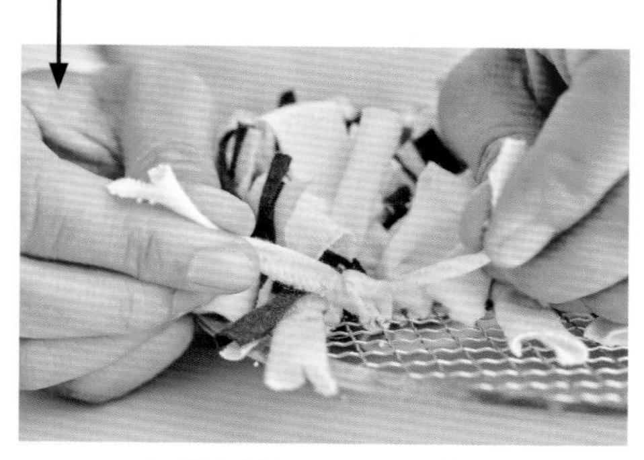

3 2で通したTシャツのテープを真結び（固結び）して、解けないようにする。コツコツとすべての穴にテープを結ぶ

完成

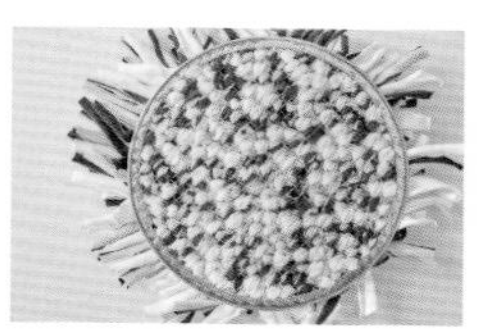

すべての穴にテープを結びつけたら完成。上の写真は表側、左の写真は裏側から見たところ。大きなものを作るほど根気がいる作業

テープの中のほうにおやつやフードを複数仕込んで、犬の鼻先に持っていき、探して食べさせる遊びをする

何歳になっても一緒に遊べる

宝探しゲーム

身のまわりにあるもの何でも使って始めよう

年を取って、ボール遊びしたり走り回ったりはできなくなっても、寝たきりになっても、飼い主と一緒に遊ぶのは犬にとって嬉しいことです。それぞれのライフステージに合わせて、一緒にできる楽しい遊びを工夫しましょう。ここでは、身のまわりにあるものを使っておやつを隠し、犬に探させる遊びを紹介します。P096のノーズワークマット同様、嗅覚を使うゲームですが、こちらは飼い主と一緒に遊ぶという点が違います。ぜひ一緒に楽しんでください。

用意するもの

・紙コップ　3個以上
・キリ（なくてもOK）
・愛犬の好きなおやつ

やり方

1 においが通るように、紙コップの底にキリなどで小さな穴を開ける。嗅覚の鋭い犬には開けなくてOK

2 犬の鼻が届く高さの台に紙コップを置く。そのうちの1つにおやつを入れて、すべての紙コップをひっくり返す

3 紙コップをシャッフルして、おやつの入っているものをにおいで探して当てさせる

4 犬が正しい紙コップを見つけたら、ほめて中のおやつを食べさせる

one more idea

タオルなど身のまわりのものも活用を

ここでは紙コップを使った遊びを紹介したが、おやつを隠すものは、身のまわりにある何でもOK。手の中におやつを隠して、同じ遊びをすることもできる。タオルの中におやつを隠すと、自力で取り出す動きが運動にもなる

口に入れるから食材を使って洗浄

オモチャの洗い方

皮脂など酸性の汚れは重曹でよく落ちる

オモチャは犬が口に入れるものなので、洗うときの洗剤にも気を配りたいもの。そこで、食用の重曹を使って洗えば安心です。重曹はアルカリ性の性質を持ち、酸性の汚れを中和することで汚れを浮かせて落ちやすくしてくれます。皮脂汚れや手垢など酸性の汚れは、重曹でぐっと落ちやすくなります。また、消臭効果があるのも嬉しいポイント。重曹の溶液は弱アルカリ性で肌に付くと荒れる場合があるので、特に肌の弱い人はゴム手袋をして作業すると安心です。

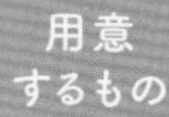

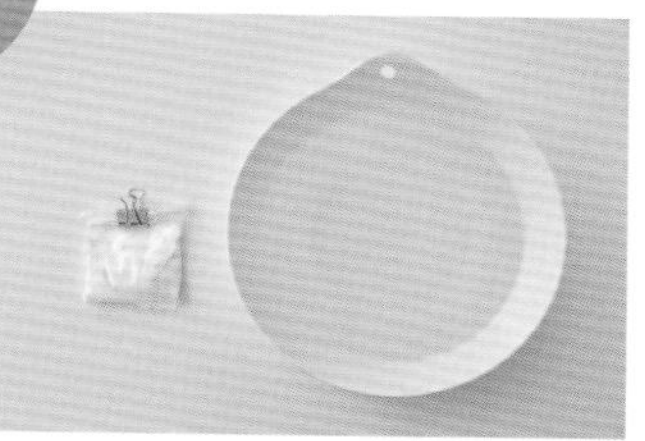

- 水を入れた洗面器
- 重曹
（食用のものがおすすめ）

1 洗面器に水またはぬるま湯を入れる。水100mLあたりに小さじ1の重曹を加え、よく混ぜて溶かす

2 1にオモチャを入れて洗う。20分～半日浸けた後に手でこするようにすると、きれいに落ちやすい。それでも落ちなければ、台所用中性洗剤で洗う

目の病気の子はゴーグルでケア

白内障や光によるチック症状など、目に関係する病気にかかることで紫外線が苦手になることもある。けれども、太陽の光が苦手だからと外に出ないと、太陽光や外で体を動かすことの恩恵が受けられない。そこで、愛犬の目を守りながら外出するのにおすすめなのが、「REXSPECS V2 ドッグゴーグル」。今までの犬用ゴーグルは、2つのレンズに分かれたメガネ型がほとんどだったが、こちらはゴーグル型。真ん中が分かれていないため視界が広くフィット感があり、装着時のストレスがかなり緩和されている

REXSPECS V2 ドッグゴーグル

COLUMN

ひなたぼっこを毎日の日課にしよう

愛犬が年を取ると、若いころほど動けないからと
散歩を減らしたり行かなくなったりする飼い主もいます。
しかし、外で太陽光を浴びることのメリットはいろいろあります。
たとえ寝たきりになっても、ひなたぼっこは必ずさせてあげましょう。

春・夏

午後の日光は紫外線量が増え、暑くなりすぎるので、朝の日光がおすすめ。1日約15分を目安に、水分をしっかりと補給して熱中症にならないよう気を付けながら行おう

秋・冬

秋冬は紫外線量が少なく、ビタミンDの生成が難しい季節と言われる。極寒の日以外の晴天時には、春夏よりも長めに、1日約30分を目安にひなたぼっこをしよう

散歩中に

窓ガラス越しに太陽光を浴びても、ガラスで紫外線がブロックされるとビタミンDは生成されない。できるだけ毎日午前中に散歩をして、太陽光を浴びながら体を動かさせよう

ひなたぼっこで作られる重要なビタミンD

太陽光を浴びることは、動物が生きていくうえでとても大事なことです。ひなたぼっこをすると、カルシウムの吸収を助け、骨を強くしてくれるビタミンDが、体内で作られます。ビタミンDは、免疫機能を調整・維持するなど、体中の細胞にさまざまな指令を出す重要な働きも担っています。そのほかにも、昼夜逆転しがちな老犬は朝日を浴びることで生活リズムが整う、睡眠の質が高くなるといったメリットも。また、栄養吸収がよくなって代謝が上がるという効果もあります。

飼い主も満たされる老犬期のために

老犬介護期は、愛犬との関係性がとても近く、深く、濃いがゆえに、大変だと感じることも、もう限界だと感じることも、イライラしてしまうこともあるのが現実です。自分の日々の生活や仕事もあるし、愛犬のために100%時間を使うことはなかなかできないですよね。

でも、そんなふうにつらい、大変だと感じてしまう介護期は、必ず終わりがきます。終わりを迎えたとき、寂しさや喪失感、安堵などなどいろいろな感情が湧いてきますが、同時に、すべてひっくるめて愛犬がくれた深い時間だったことに気が付きます。

こんなに濃厚な時間を一緒に過ごせることに幸せを感じられたなら、きっと愛犬たちも、飼い主に対して申し訳ない気持ちよりも、喜びを感じて最期のときを迎えられるのかなと思っています。

愛犬が元気いっぱいのときに与えてくれた癒しや楽しみを、まるまる恩返しできるのが介護期だとすると、飼い主にとってはこんなにありがたい時間はないのです。

犬の幸せって、生涯飼い主の幸せを感じること。

飼い主が幸せでいられるようにすることが、犬にとっての使命であり、犬はその使命を果たすために、私たちのもとにやってきました。地球上の犬たちは、長い歴史の中で人間とともに暮らすことを選択し、人間に寄り添い、その使命を果たしてくれています。

健気でピュアで楽しくて愛おしくて……、そんな犬たちの最期のときを、感謝で終えられるように、彼らが安心して満足して旅立つことができるように。

つらい介護期こそ、私たち飼い主が幸せで心満たされる時間にできたら、それは犬にとって最高のギフトになるのかなと思っています。

for care

生活の質に大きくかかわる 老犬の心身を整えるケアのこと

老犬の心身を整えるケアは
日常生活を送るうえでマストではないけれど
するかしないかで生活の質は大きく変わってきます。
床ずれや乾燥ケア、消炎クリームなど目に見える部分のケアから
血行促進や冷え予防など目に見えにくい部分のケアまで
老犬のケアにまつわる多様なアイデアを紹介します。

○○○○● for care

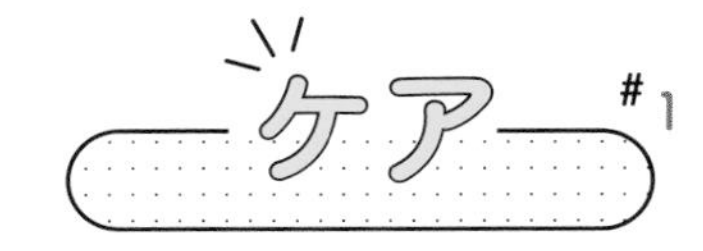

犬も飼い主もリフレッシュ

リラックスハーブ

愛犬に嗅がせて好きなハーブを探そう

愛犬がベッドにいる時間が長くなると、周辺の空気も滞りがちになります。特に湿度の高い梅雨時期はジトッと重たい空気でよどみやすいので、できるだけ空気の入れ替えをしたり、空気清浄機をフル回転したりして、循環させましょう。その際に、ベッドや枕の下などにフレッシュなハーブを置くだけで、スッキリしたり、リラックスできたりと気分転換になります。介護している飼い主のリフレッシュにもなるので、犬が好む、または犬への刺激が少ないハーブを置いてみてください。

用意するもの

- 好みのハーブ 3〜4種（ローズバッズ、ジャーマンカモミール、ミント、レモングラス、ラベンダーなど）
- ティーパック

やり方

1 ハーブを3〜4種類用意し、小皿で1つずつ犬に嗅がせる。積極的に嗅ごうとしたり、舐めようとしたりするのは好きな香り

2 顔を背けたり、その場を立ち去ったりするのは、苦手な香りなので使わないように

3 愛犬が好むハーブが見つかれば、1種類を大さじ1杯、ティーパックに入れる

4 犬が食べてしまわない安全な場所に置く。半日もすると香りは薄れるので、湯に入れて薄めのハーブ水を作り体を拭いてもOK

犬にNGなアロマは？

香りを楽しむ精油にも、犬に使ってはいけないとされるものがある。過度によだれをたらす、くしゃみ、荒い鼻息、軽く咳込む、背中を擦りつける、うろうろ落ち着かないなどのようすが見られたら、使用の中止を

〔NGのもの〕

アニス、オレガノ、ウィンターグリーン、ウォームシード、カラマス、カンファー、カシア、クローブ、サッサフラス、サンタリナ、ジュニパー、セイボリー、タイム、タンジー、バーチ、ビター・アーモンド、ヒソップ、マグワート、マスタード、ラベンダーストエカス、ルー、ヤロー、ワームウッド

〔要注意のもの〕

- ティーツリー
…濃度が高いと刺激になる
- ユーカリ
…皮膚に刺激の強い成分がある
- ローズマリー
…てんかんのある犬には注意

犬におすすめのハーブとは

ハーブとは、暮らしの役に立つ香りのある植物のこと。長い歴史の中で動物たちは自然とハーブを生活に取り入れてきた。愛犬に合えば老化防止などが期待できる

① ローズバッズ

ハーブティーの一種としても人気のバラのつぼみ。高い抗酸化作用があり、ビタミンCが豊富なため免疫力アップに効果的

② レモングラス

古くから民間薬や虫除けに使われてきたハーブ。レモンのような爽やかな香りがバテ気味な体をシャキッとサポート

③ ミント

古代より口臭ケアやスッキリ感、気分転換に親しまれてきた爽快気分を楽しめるハーブ。リラックスタイムにおすすめ

④ ラベンダー

心身をリラックスさせてくれる香りとしてアロマセラピーなどに多く活用されている。心を穏やかに保ちたいときに

⑤ ジャーマンカモミール

「リラックスの代名詞」とされるハーブ。リンゴのようなフルーティーな香りが心身に深い休息と安らぎを与えてくれる

床ずれなど炎症のケアに

消炎クリーム

材料さえそろえれば何度もすぐ作れる

床ずれができたり、退屈やストレスから舐め壊したり、下痢が続いて肛門まわりがただれたりと、老犬の皮膚の炎症は日常的にあるもの。病的ではない場合に使える、飼い主と共有できる抗炎症&保湿効果のあるクリームの作り方を紹介します。材料さえそろえば、1回の制作時間は10分程度で、何度も繰り返し作ることができます。今回は、オレイン酸を70%以上含み、高い保湿作用と抗酸化作用を持つ、「皮膚のガードマン」とも呼ばれるカレンデュラオイルを使います。

用意するもの

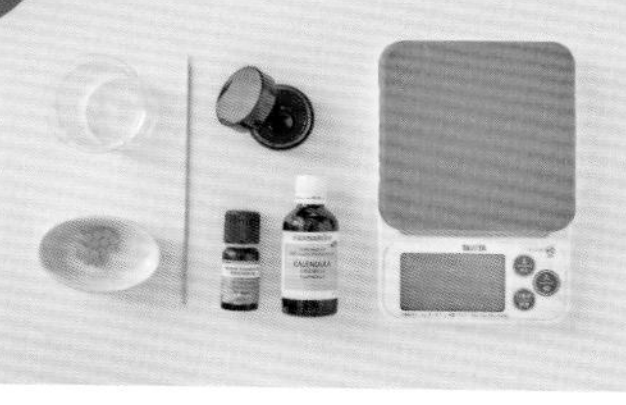

- みつろう(未精製のものがおすすめ) 2g
- カレンデュラオイル 9g
- ゼラニウム、またはクロモジの精油 3滴(なくてもOK)
- クリーム容器 20g用
- 耐熱容器
- 竹串
- はかり

作り方

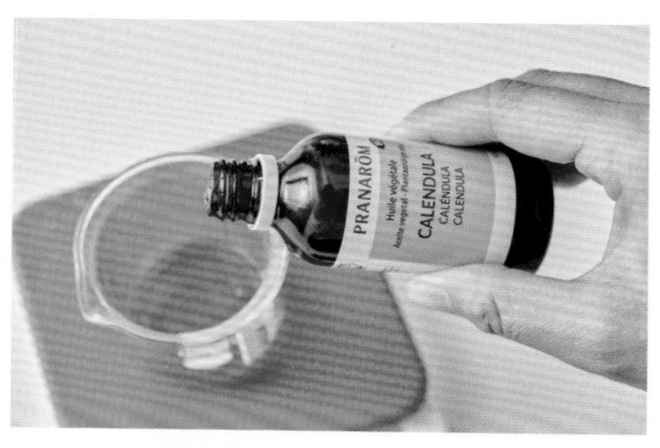

1 耐熱容器に、カレンデュラオイルを計量して入れる

2 1の容器に、みつろうを計量して加える

3 鍋に2の耐熱容器が1/3ほど浸かる深さまで水を入れ、火にかけて温める。2を鍋の中に入れて、湯せんしながら竹串でよく混ぜる

4 みつろうが完全に溶けたら、クリーム容器に移して冷ます

5 クリーム容器に入れた液体の端が固まり始めたら、精油を3滴加える(なくてもOK)

6 さらに竹串で混ぜる。5分ほどで固まったらできあがり。保存料不使用なので、約1カ月で使いきる。作成日のラベルを貼ると便利

完成

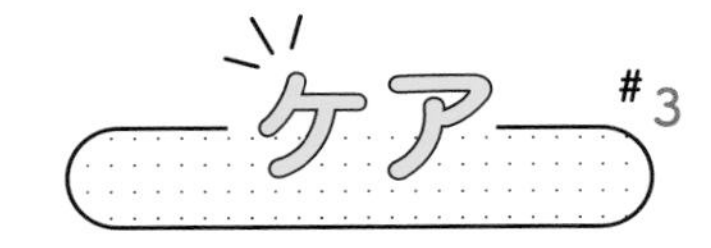

静電気や毛の絡みを防ぐ

ブラッシングスプレー

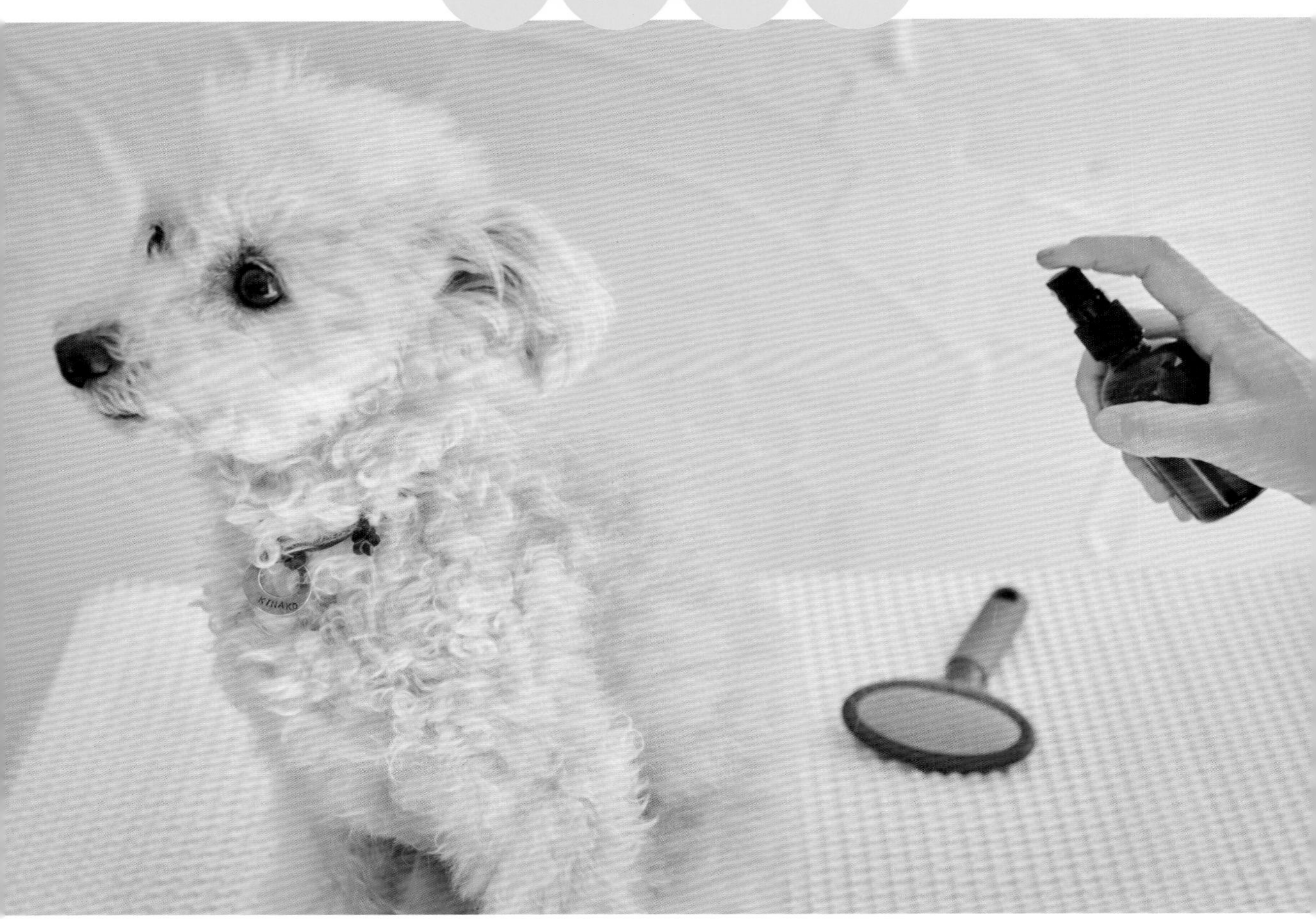

精油を加えればアロマの効果もプラスできる

ブラッシングは見た目がきれいになるだけでなく、血行促進にもなるため、老犬に日々してあげたいケアです。ブラシをかける前に、被毛にブラッシングスプレーをして少し湿らせると、毛の絡みや静電気を予防することができます。また、犬にとって安全な好みの精油を加えると、お互いにリラックスできたり、気分がすっとしたりもします。ただし、ハイシニアの犬にはアロマがストレスになることもあるので、精油を使用せず作ったほうがいいでしょう。

用意するもの

- 精製水　50mL
- リンゴ酢　9mL
- グリセリン　7mL
- 遮光のガラスのスプレーボトル
- 計量カップ

作り方

1 計量カップに精製水を量って入れる

2 1にリンゴ酢を計量して加える

3 2にグリセリンも計量して加える。ハイシニア以外なら、グリセリンの代わりに好みのアロマを8～10滴入れてもOK

4 3をよく混ぜて、スプレーボトルに移す

5 よく振ってできあがり

5 愛犬にスプレーしてから、ブラッシングする

one more idea

好みの精油を入れてもOK

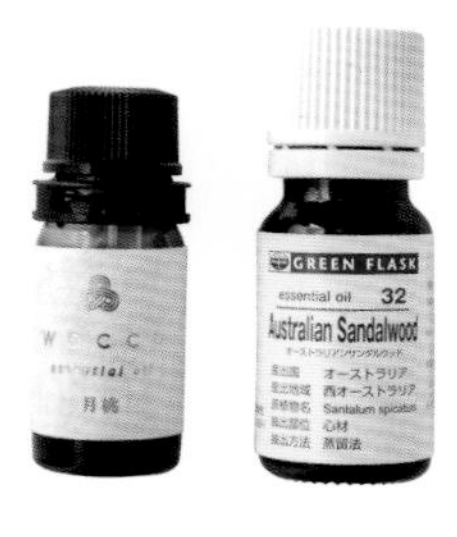

上の3で精油を入れるなら、リラックスのラベンダーやローズウッド、気持ちを沈めるスィートマジョラムやユズ、レモン、胃腸の調子を整えるカモミールローマンなどがおすすめ。犬にNGなアロマ（P107参照）は使わないように

洗えないけれどきれいにしたいときに

ドライシャンプー

重曹と精油で簡単にさっぱりできる

ハイシニアになると、全身を濡らしてのシャンプーをあまり頻繁にすることは、負担になってしまいます。とはいえ、体が汚れやすくなっているので、何とか汚れやニオイは落としたいもの。そこで、掃除にも使える重曹を使った、洗い流す必要のないドライシャンプーの仕方を紹介します。食用の重曹を振りかけて、ブラシをかけるだけで、犬への負担なくさっぱりさせてあげられます。好みで精油をほんの1滴だけ重曹にたらすと、リラックスやリフレッシュ効果もあります。

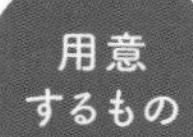

- 重曹（食用がおすすめ）
- 好みの精油
  1滴（なくてもOK）
- ブラシ

やり方

1 重曹をボウルなどに入れ、好みの精油を1滴だけたらす（なくてもOK）

2 精油が均等になるように、よく混ぜる

3 2を犬の体に少しずつ振りかける。目の細かい茶こしがあれば、茶こしで少しずつ振りかけると、固まらず散らせる

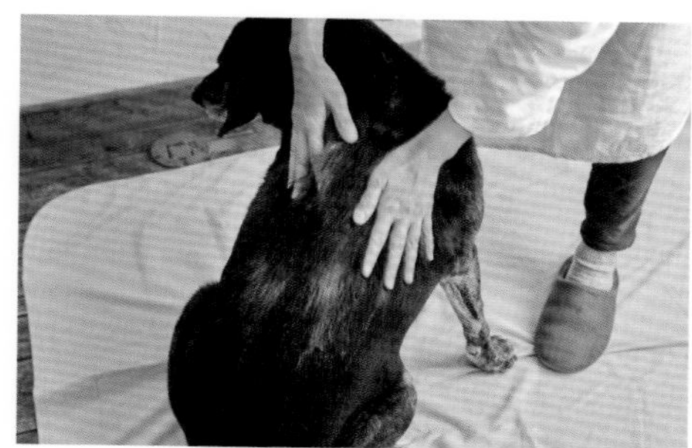

4 3を両手のひらで全体にまぶすようにして伸ばす

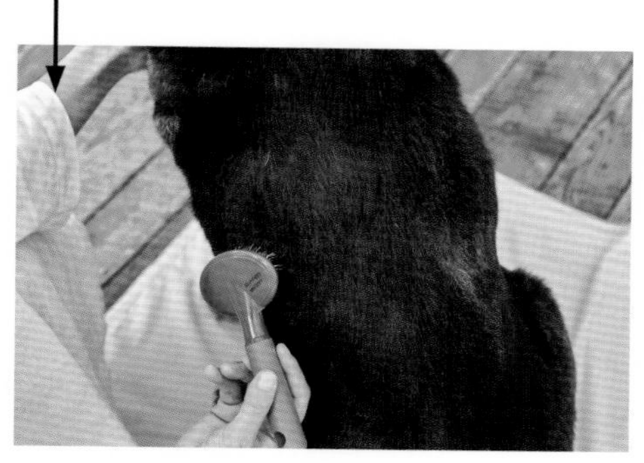

5 重曹をかけた箇所をブラッシングして、ざっと落とす

あずきの蒸気でじんわり温める

あずきカイロ

老犬の冷えは全身に悪影響を及ぼす

シニア期の冷え対策は、水分補給と同じくらいに大切です。冷えと血行不良は内臓機能や皮膚、関節などあらゆるところに影響を及ぼします。そこで、あずきを使ったカイロの作り方を紹介します。あずきには水分が多く含まれており、レンジで加熱すると水分が蒸気となって出てきて、じんわりと体を温めてくれます。また、温めるとほんのりとあずきの香りがして、癒やし効果も。大型犬や、広範囲を温めたい場合は、大人用靴下にあずき約150gを入れて大きめサイズも作れます。

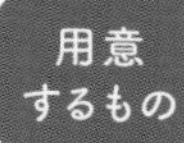

・赤ちゃん用靴下
（必ず天然繊維のもの）
・あずき　60g
・手縫い針と糸

作り方

1 赤ちゃん用靴下の中にあずきを入れる。靴下は合成繊維だと溶ける可能性があるので、必ず天然繊維のものを選ぶ

2 靴下の口を縫い止める。ブランケットステッチ（右の図参照）だと見た目にもかわいいが、なみ縫いでもOK

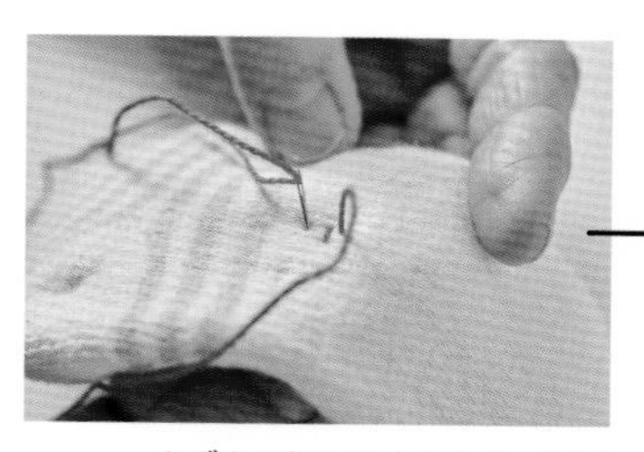

3 あずきの偏り防止のため、靴下の中心あたりに1針ポイント刺繍をする。写真では十字に刺繍している

完成

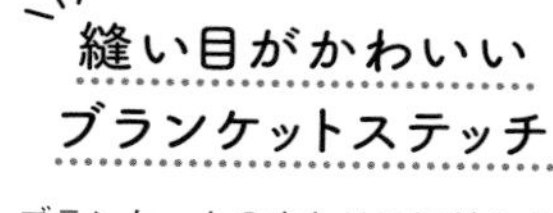

ブランケットのまわりにほどこされるステッチで、縁かがりのほか、アップリケやフェルトのとじ合わせなどにも使われる、基本ステッチの1つ。覚えれば簡単なので、挑戦してみて！

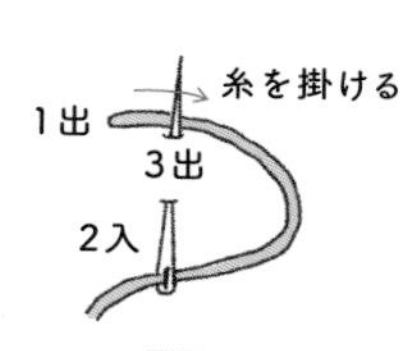

糸を出し、縦になる長さの位置で針を入れて1針分出す。針に糸を掛ける

次の1針の縦を刺し、また針に糸を掛ける

最後は糸を渡して止める

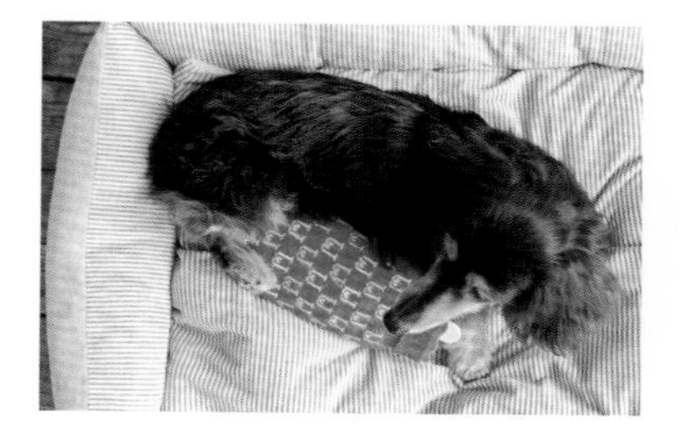

市販の湯たんぽでも温められる

中に湯を入れて使う市販の湯たんぽも、体を温めるのに使える。ただし、背中にのせてピンポイントには温めにくい。左右の脚の間に挟み、湯たんぽを抱かせるようにして、お腹やそけい部を温めよう

○○○○● for care

ローラーで頭や目のまわりの血流アップ

血行促進ケア

血行促進は老犬の健康維持にとって基本の1つ

老犬の健康維持のために大切なケアの1つが血行促進です。血行が滞ると、万病の元である冷えや筋肉のこわばり、関節へのダメージ、内臓機能の低下など、懸念材料が増えることになります。血行促進につながるケアはいくつかありますが、基本は物理的にホットタオルやお灸などで温め流すこと。そのほかにも、人間の顔のマッサージに使われる小さなマッサージロールは、犬の顔まわりや足の甲など、細かな部分の血流アップに使いやすく、ツボを刺激しながら滞りをほぐせます。

用意するもの

・マッサージロール

やり方

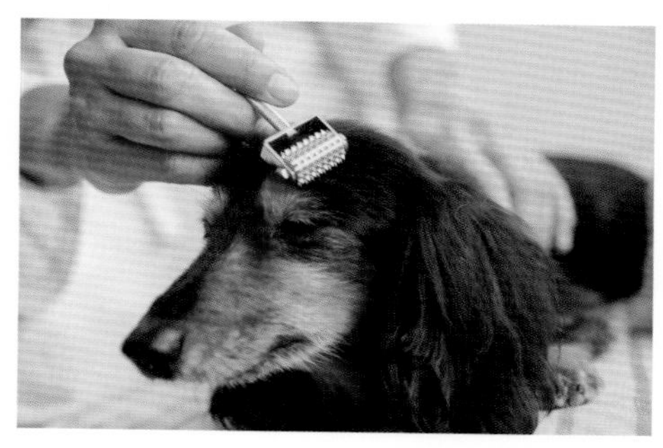

1 マッサージロールを少し寝かせ気味に持って、眉毛の辺りで転がす。眉間から眉毛に沿って、外に流すイメージで

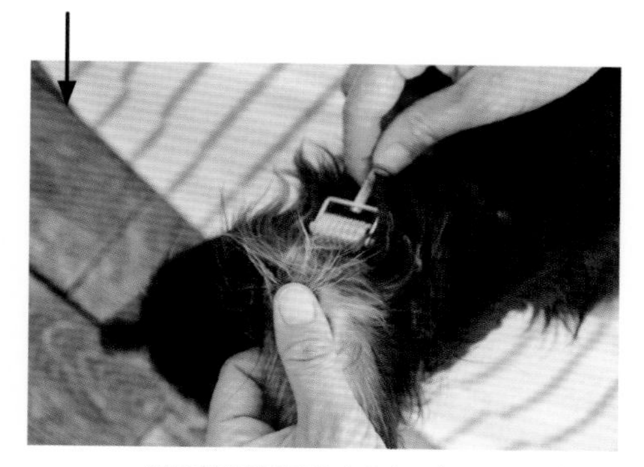

2 耳の付け根の下あたりを、上から下に流すイメージで、マッサージロールを転がす

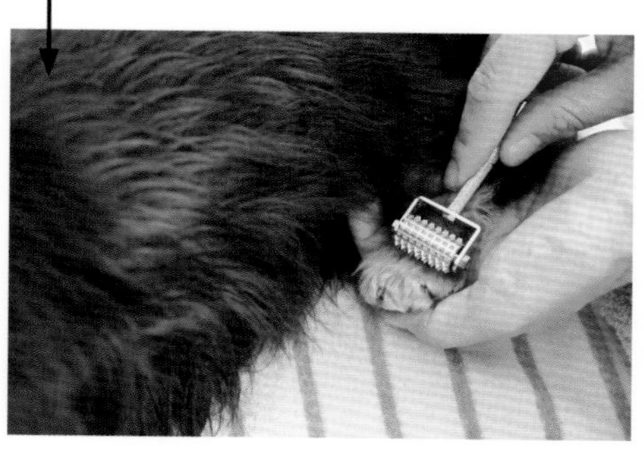

3 前後の足の甲も、かかと側からつま先側に向かって流すイメージで、マッサージロールを転がす

どこをケアする?

まずは、内臓にかかわる大事なツボがたくさんある背中から始めよう。P118の温めアイテムを軽く当てて、ゆっくりと動かす。ただし、喉元を温めるとのぼせてしまうため、絶対に温めないこと。また、高すぎる温度と長すぎる温めは犬の体を痛めてしまう。温めすぎは危険なので、温度は50℃以下、温め時間は３～５分以内を目安に

白…頭部に集まっている熱や気を下ろしてリラックス
赤…頭部に集まっている熱や気を下ろしてリラックス、血行促進
黄…便秘解消
青…冷え、むくみの改善

おすすめの温めアイテム

1) ホットタオル

もっとも身近なアイテムでできるのが、ホットタオル。ハンドタオルを濡らして軽く絞り、ジッパー付きビニール袋に入れてレンジで1分加熱する。それをビニール袋ごと犬の体に当てて、温めながら血流を促す

2) お湯入りペットボトル

40～50°Cの湯を入れた、ホット専用のペットボトルも使いやすい。体に押し付けるのではなく軽く当てるようにして、「あったかいな～」というイメージでゆっくりとラインをなで下ろそう

3) お灸

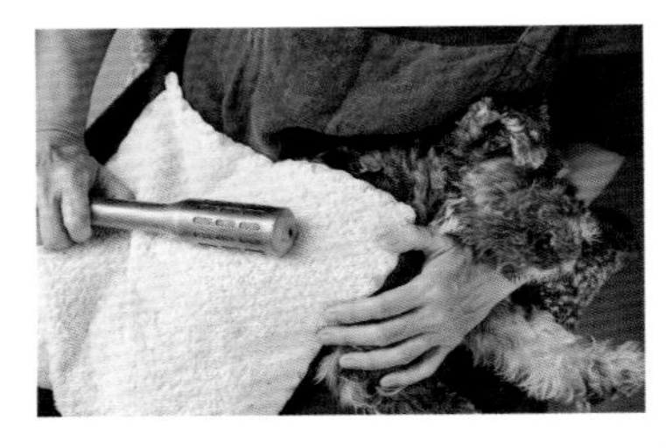

ローラー式の温灸棒に薬草の灸を入れ、転がしながら温めることで、温熱に加えて軽い押圧の刺激も加わる。薬効もあり、体の深部まで熱が入りやすい。煙が出るので換気が必要なことと、においが苦手な子もいることに注意

4) かっさ

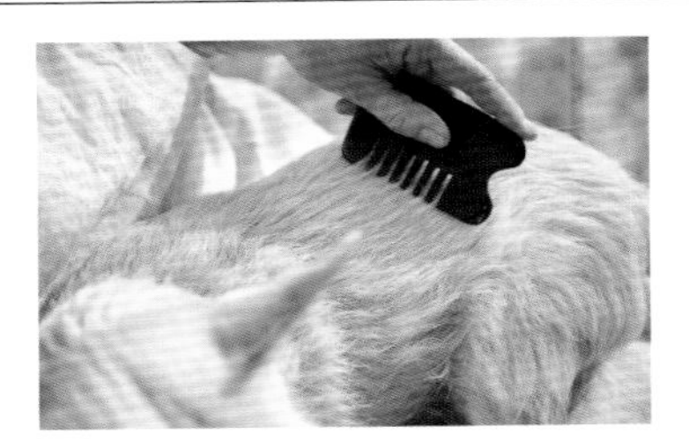

水牛の角で作られたプレートで、ツボに沿ってなぞるように流す。リンパの流れをよくし、血液をきれいにすると言われている。特に準備も必要なく、どこでも手軽にケアできる。深部に届くのがメリットだが、瞬時には温まらない

5) あずきカイロ

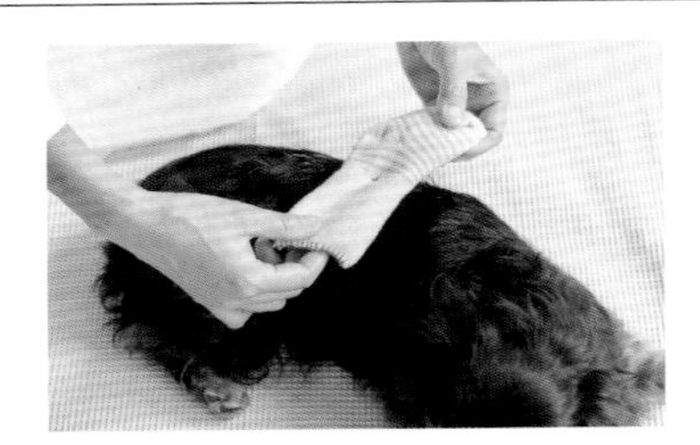

P114で作り方を紹介しているが、人間用に市販されているものもある。動かして流すというよりは、のせておいて温めるタイプのもの。人間の目用は小さいので細かい部分に、肩用は腰や首まわりを温めるのに向いている

6) 温玉

沸騰した湯で温めた大理石。体の冷えた部分を転がしながらマッサージしたり、じっくり押圧したりして使う。温灸とかっさ、両方の効果が期待できる。使うには講習を受けて、専門知識を学ぶ必要がある

乾燥しがちな老犬の肌をマッサージ

潤いケア

保湿力の高いホホバオイルと マッサージのダブルケア

シニア期になると肉球や被毛、目、鼻、肛門まわりなどが乾燥しがちなので、全身をマッサージしながら潤いケアをしましょう。マッサージクリームには、肌に弾力や潤いを与えるワックスエステルを豊富に含むホホバオイルがおすすめ。ケアの仕方は、手のひらにホホバオイルを取り、手になじませて、犬の頭からシッポに向けて包み込むようにマッサージします。また、肉球によくなじませたり、荒れているところがあれば直接塗ったりするのも効果的です。

・ホホバオイル

毒素の排泄促進作用を持つ油を使用

デトックス

肝臓や腎臓を中心にケアを

ひまし油とは、トウゴマから採れる植物の油のこと。エドガー・ケイシー療法では、肝臓の機能が高まり、血液中の毒素がすみやかに分解され、体外に排出されるようになるものとして使用されています。人間では、ひまし油を布にたっぷり含ませ、それを右脇腹に当てて温熱パックする「ひまし油湿布」という方法もあります。犬に時間をかけての湿布はなかなか難しいのですが、少しでも排毒効果を期待して、温め流すときにひまし油を使うことをおすすめします。

用意するもの

・ひまし油

やり方

1 ひまし油を適量手に取る

2 両手をこすり合わせて、手のひらによく伸ばす

3 特に肝臓や腎臓のあたりを中心にして、優しく犬の体になじませる

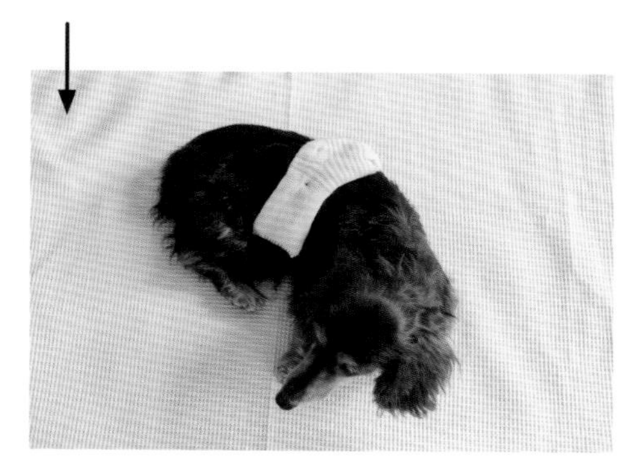

4 あずきカイロ（P114参照）やホットタオル（P118参照）などで肝臓や腎臓のあたりを、できるだけゆっくりと時間をかけて温める

pick up item

meister
Groomerブラシ
NO.217

老犬には柔らかめのブラシを

ブラシにはいろいろな種類があり、毛質によって合う合わないもある。老犬になったら、ブラシは柔らかめで皮膚を傷めないものを選ぼう。また、慣れていない犬に硬いブラシを使うと、ブラシは痛くて嫌だと認識してしまうので注意

「足湯」で全身を温める

温浴

足先を握って揉みほぐし巡りをよくする

全身を洗うためではなく、温めて巡りをよくするために温浴する方法もあります。人間の足湯と同じで、特に足先が冷たい犬におすすめ。血行が悪くなりやすい足先を温めることで血の巡りがよくなり、結果的に全身を温めることができます。犬のサイズに合わせて、大きめの洗面器やたらい、大型犬は湯船に湯を張り、足先だけを浸けて、少し揉みほぐしてあげてください。ついでにお腹や肛門まわりなどを軽く洗ってもOK。湯の温度は、人間が少しぬるいと感じるくらいが適温です。

やり方

1 大きめの洗面器や流し、湯船に浅めに湯を張り、滑らないようタオルを敷く。冬は37〜38℃、夏は約35℃が目安

2 最初は前脚だけでもいいので、犬をゆっくり湯に入れる

3 前脚全体を温めるように、湯をすくってかけ、足先を握って軽く揉みほぐす

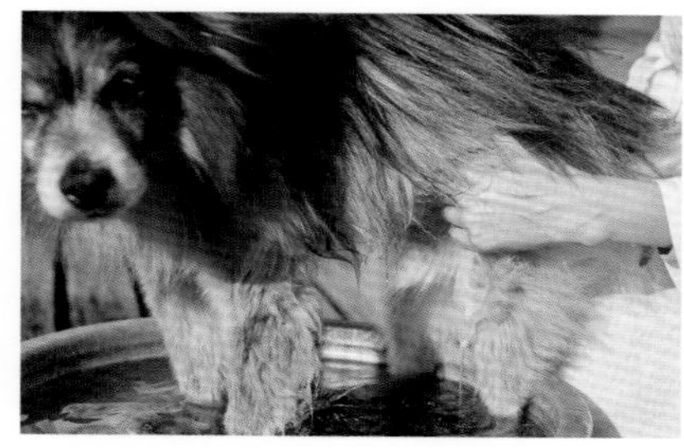

4 後ろ脚全体、特にそけい部まで温めるように、湯をすくってかけ、足先を軽く揉みほぐす

5 口もとなど顔まわりも、湯をすくって一緒に洗う

6 おしりまわりやお腹にも湯をすくってかけて軽く洗う

湯にプラスしたいもの

リラックス効果を期待するならラベンダーやローズ、ミントなどの精油、デトックス効果なら風呂用のマコモ、肉球が荒れている犬にはクロモジの精油や茶葉、末端が冷えている犬には毛細血管を広げてくれる炭酸泉がおすすめ

プロフィール

俵森朋子（ひょうもりともこ）

鎌倉にある、犬ごはんのワークショップやカウンセリング、犬の体に優しい手作り惣菜や食材の販売などを行う『manpucu garden（まんぷくガーデン）』店主。犬ごはん研究家。武蔵野美術短期大学卒業後、インテリアテキスタイルデザイン＆企画の仕事に20年近く従事した後、1999年に友人とともに『ドッググッズショップ シュナ＆バニ』を立ち上げる。2012年、もっと犬の体にいいことをしたいと、フードやケア用品、オリジナルグッズなどを扱う『pas a pas（パザパ）』をオープンし、2021年には犬ごはんをメインにした『manpucu garden』として新スタート。今までに6頭の愛犬を看取り、たくさんのお客様の犬と付き合ってきた経験から、ごはんを中心にさまざまな生活のアドバイスも行う。著書に『犬ごはんの教科書』『犬おやつの教科書』（誠文堂新光社）、『愛犬との幸せなさいごのために』（河出書房新社）他、多数。現在は雑種犬のタオとボーダー・テリアのオミ、3匹の猫と暮らしている。

https://www.manpucu.jp/

《参考文献》

『ペットのためのハーブ大百科』グレゴリー・L・-ティルフォード、メアリー・L・ウルフ 著（ナナ・コーポレート・コミュニケーション）

『ペットのためのアロマセラピー ペットアロマセラピスト入門』西村早苗 著（エーディーサマーズ）

『犬の介護に役立つ本』高垣育・上田泰正 著（山と渓谷社）

Special Thanks

ハチコ（15歳）　ピース（16歳）　ポッキー（16歳）

きなこ（11歳）　ハコベ（16歳）　LOU（12歳）

ハル（11歳）　BEAR（12歳）　NOIR（12歳）

タオ（13歳）　ベル（13歳）

STAFF
デザイン .... 大村裕文
撮影 .... 岡崎健志
イラスト .... 花島ゆき
DTP.. 狩野蒼
編集 .... 山賀沙耶
協力 .... フローラ・ハウス（P029）
.... グッドウィル（P081）
.... アイアンバロン（P093）
.... ALPHAICON（P101）
.... ケイプロ（P121）

衣・食・住・遊
楽しいひと手間が愛犬との暮らしを快適にする
老犬暮らしの便利帳

2023年4月16日　発　行　　NDC645

著　　者　俵森朋子
発 行 者　小川雄一
発 行 所　株式会社 誠文堂新光社
〒113-0033 東京都文京区本郷 3-3-11
電話 03-5800-5780
https://www.seibundo-shinkosha.net/
印刷・製本　図書印刷 株式会社

ISBN978-4-416-52375-9